高等职业教育系列教材

工程制图习题集
（非机械类）
第 2 版

主　编　于　梅
副主编　陈本德
参　编　赵海峰　李小琴　郭　丽
主　审　朱　仁

机 械 工 业 出 版 社

本教材是于梅主编的《工程制图（非机械类）第 2 版》（ISBN：978-7-111-58162-8）的配套习题集，以图文并茂的形式全面介绍了"工程制图"课程的基本理论和制图方法，内容涵盖了"工程制图"课程的主要知识点，包括：制图基本知识、基本几何体、组合体、机件的表达方法、标准件和常用件、零件图、装配图、其他工程图样。

本教材可作为高等职业教育理工科近机械类和非机械类各专业的基础课教材，也可作为工程技术人员或专业课教师的参考用书。

本书配有习题答案，需要的教师可登录机械工业出版社教育服务网 www.cmpedu.com 免费注册后下载，或联系编辑索取（QQ：1239258369，电话：010-88379739）。

图书在版编目（CIP）数据

工程制图习题集：非机械类/于梅主编 . —2 版 . —北京：机械工业出版社，2017.10
（2024.8 重印）

高等职业教育系列教材

ISBN 978-7-111-58157-4

Ⅰ.①工… Ⅱ.①于… Ⅲ.①工程制图–高等职业教育–习题集 Ⅳ.①TB23-44

中国版本图书馆 CIP 数据核字（2017）第 241783 号

机械工业出版社（北京市百万庄大街 22 号 邮政编码 100037）
策划编辑：曹帅鹏 责任编辑：曹帅鹏
责任校对：张 征 责任印制：单爱军
北京虎彩文化传播有限公司印刷
2024 年 8 月第 2 版第 5 次印刷
260mm×184mm·13.25 印张·161 千字
标准书号：ISBN 978-7-111-58157-4
定价：49.00 元

电话服务　　　　　　　　　　网络服务

客服电话：010-88361066　　机　工　官　网：www.cmpbook.com

　　　　　010-88379833　　机　工　官　博：weibo.com/cmp1952

　　　　　010-68326294　　金　书　网：www.golden-book.com

封底无防伪标均为盗版　　机工教育服务网：www.cmpedu.com

第 2 版前言

本教材是和主教材《工程制图（非机械类）第 2 版》配套的实践性教材。本教材是在第 1 版的基础上，结合近年来的教学实践修订而成的，可提高学生绘制和阅读工程图样的能力，全面提升学生的现场识图制图能力，在内容的编写上以必需、够用为度。

本教材的编者在工程制图的教学工作中积累了丰富的经验，并在编写过程中广泛吸收兄弟院校同类教材的优点。本教材具有如下特点：

1) 在图幅、线型、图样画法及技术要求的注写等方面都采用了新的机械制图国家标准。

2) 在注重学科知识系统性、表达规范性和准确性的同时，充分考虑学生对知识的接受能力。本书中大量使用了三维立体图，以培养学生对机械零件的感性认识。

3) 本书适合高等职业教育近机械类和非机械类各专业使用。考虑到教材的完整性和学习参考的方便，在内容上留有适当的裕量，教师可根据教学时数和专业特点按一定的深度、广度进行取舍。

本书由于梅任主编，陈本德任副主编。赵海峰编写了第 1 章、第 4 章，于梅编写了第 7 章，李小琴编写了第 2 章、第 5 章，郭丽编写了第 3 章、第 6 章，陈本德编写了第 8 章。最后由于梅对全书进行统稿。本教材由朱仁主审并提出了许多宝贵意见，在此谨表感谢。

由于编者水平有限，疏漏错误之处恳请读者批评指正。

编　者

目　　录

第1章　制图基本知识

1.1　机械制图国家标准

1. 汉字书写练习。

制图设计描图审核质量共第张序号或标准名称数量材料径

比例备注其余热处理技术要求轴承齿轮零件硬度均布肋板螺纹栓母钉柱

平键齿轮轴带轮凸轮滚动轴承双头螺柱六角头螺栓开口销垫圈密封盖定

2. 英文字母和数字书写练习。

ABCDEFGHIJKLMNOPQRSTUVWXYZ

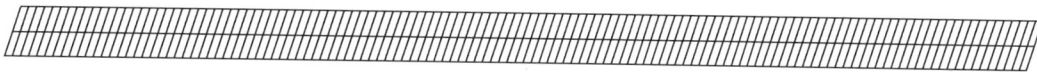

abcdefghijklmnopqrstuvwxyzabcdsxy

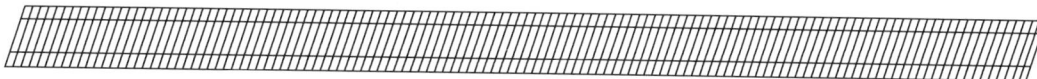

1234567890ΦR   1234567890ΦR

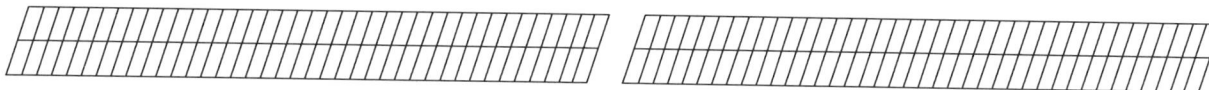

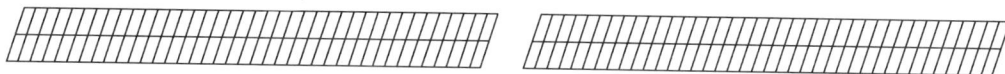

1234567890ΦR   1234567890ΦR

1234567890ΦR   1234567890ΦR   1234567890ΦR

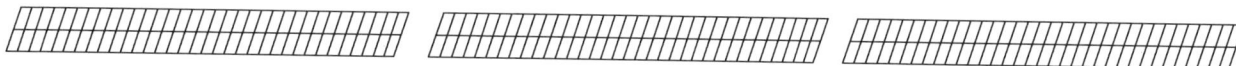

3. 在指定位置按示例画出各种图线。

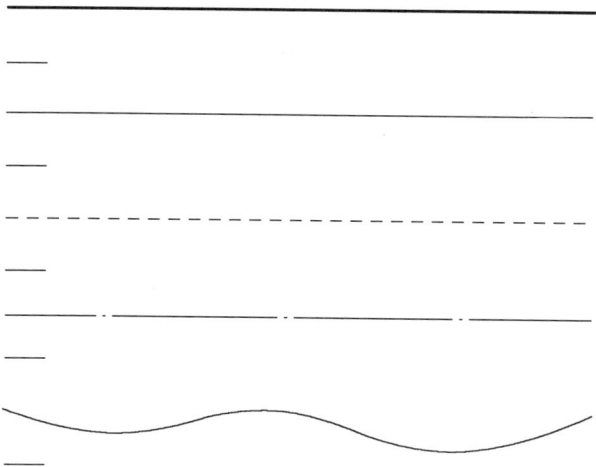

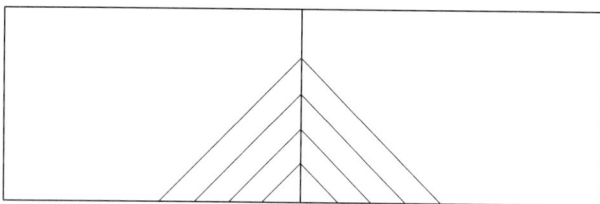

4. 在其下方位置按1:2的比例抄画图形（注意线型一致）。

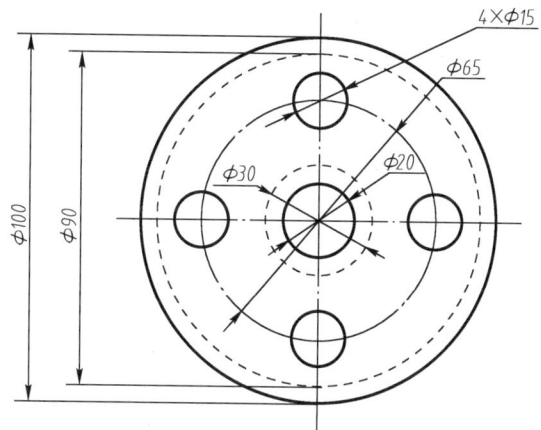

5. 根据尺寸注法的规定，标注各个图形的尺寸（尺寸数值按 1:1 的比例从图中量取并取整数）。

（1）线性尺寸标注。

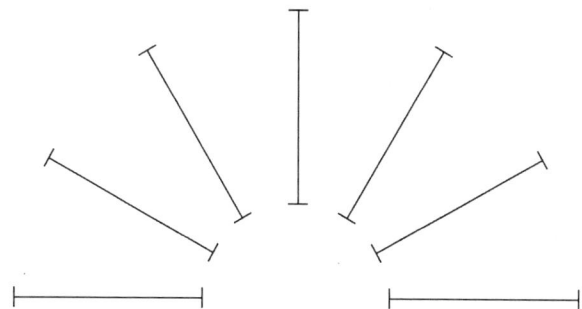

（2）角度数字标注。

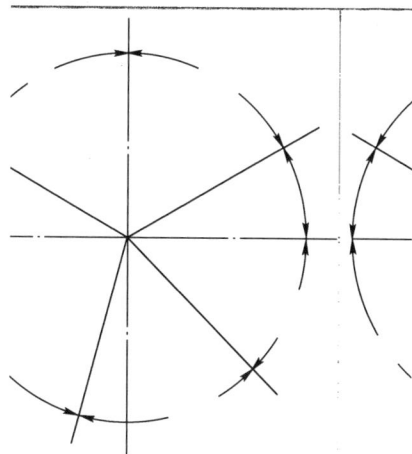

（3）直径标注。

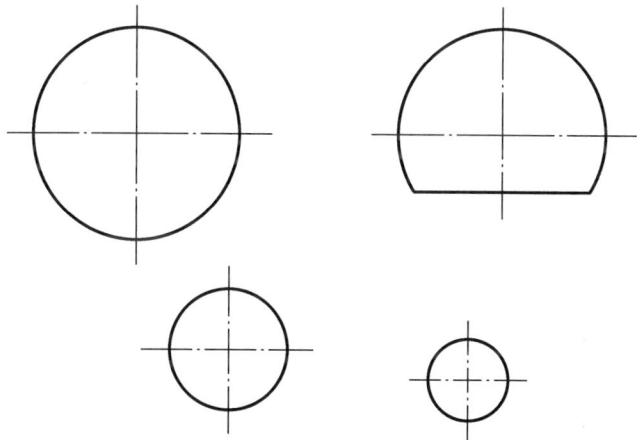

（4）半径标注。

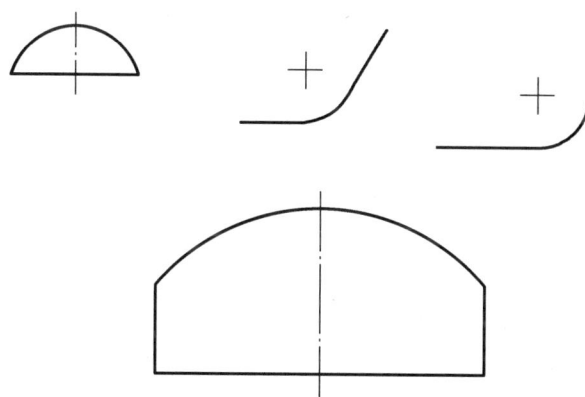

6. 改正图中尺寸错误，在下图中正确标注尺寸。

（1）

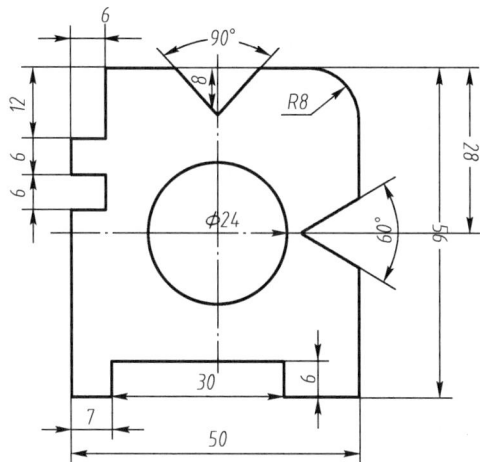

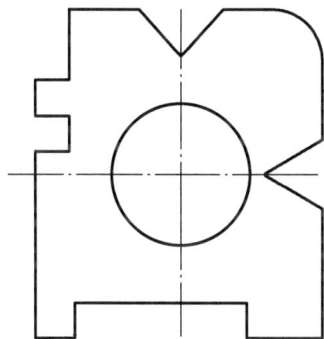

（2）

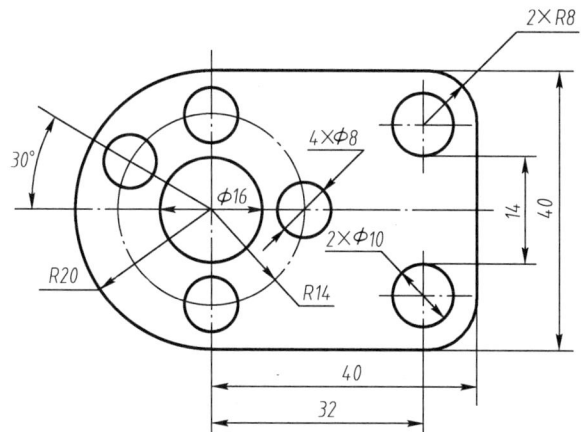

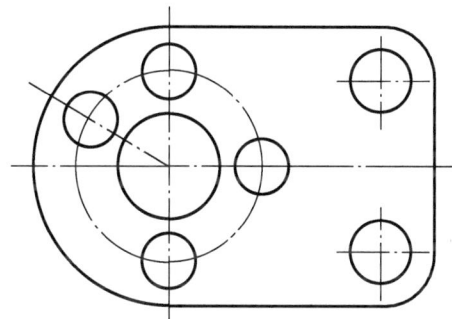

1.2 常用几何图形的画法

1. 斜度和锥度。

(1) 参照下面所示图形，根据所注尺寸，用 1∶2 的比例，在图示位置绘制图形，并标注尺寸。

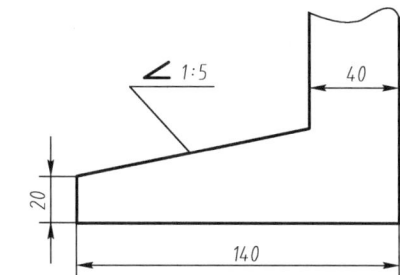

∠ 1:5

40

20

140

(2) 参照下面所示图形，根据所注尺寸，用 1∶1 的比例，在所示位置绘制图形，并标注尺寸。

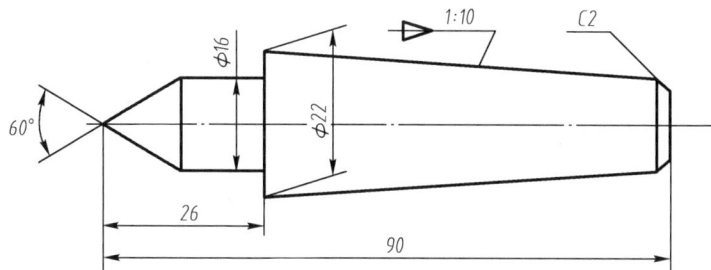

$\phi16$

$\phi22$

1:10

C2

60°

26

90

2. 等分线段和圆周。

（1）将线段 AB 七等分。

A |————————————————————| B

（2）将线段 AB 十一等分。

A |————————————————————| B

（3）根据图中所注尺寸，用1:1的比例在其下方绘制相同的图形。

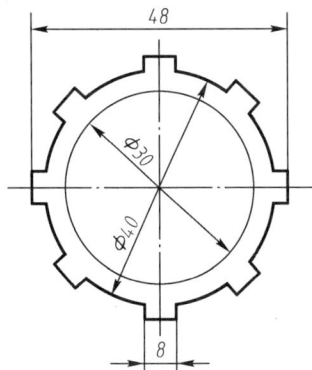

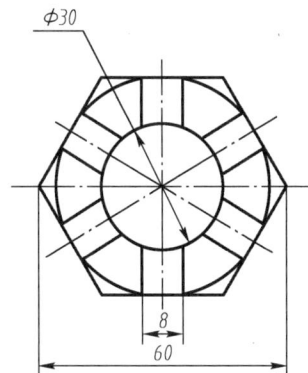

3. 圆弧连接。

(1) 用图中所给半径 R 作圆弧，光滑连接两已知线段。

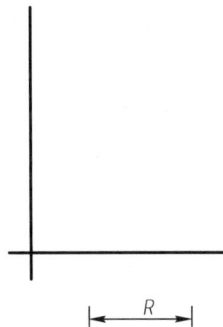

R

(2) 用图中所给半径 R 作圆弧，光滑连接两已知线段。

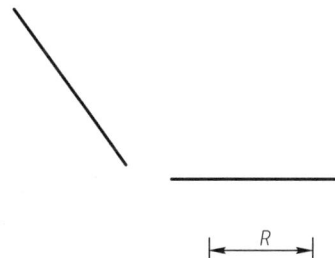

R

(3) 用图中所给半径 R 作圆弧，光滑连接两已知圆（外切）。

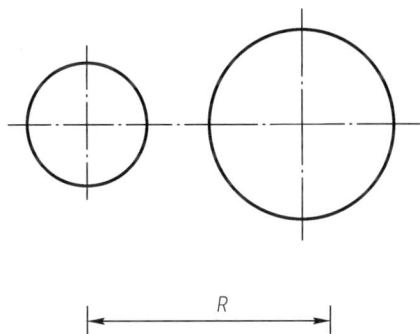

R

(4) 用图中所给半径 R 作圆弧，光滑连接两已知圆（内切）。

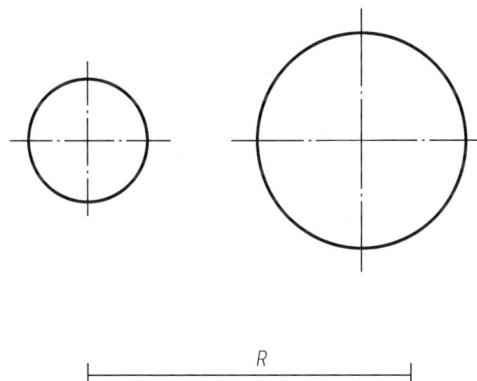

R

（5）参照样图，完成下面图形的圆弧连接（保留作图线）。

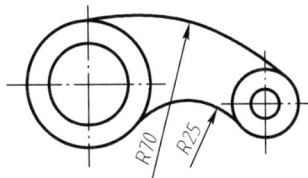

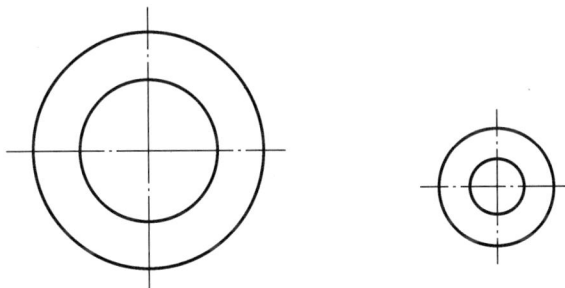

（6）参照样图，完成下面图形的圆弧连接（保留作图线）。

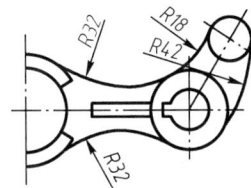

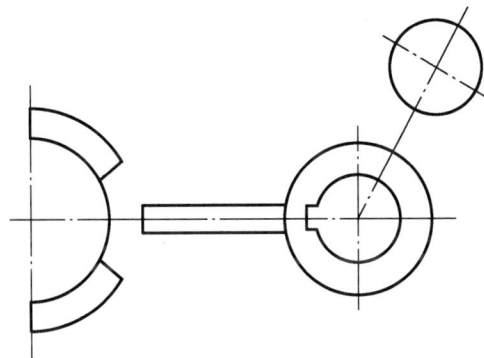

4. 抄画平面图形（比例、图纸合理选择）。

作 业 指 导

1. 绘图步骤

1）分析图形及图中的尺寸类型。

2）画底稿。

① 画出图中的基准线、对称中心线及圆的中心线等。

② 按已知线段、中间线段、连接线段的顺序画出图形。

3）检查底稿。

4）用铅笔加深图形。

5）画尺寸界线、尺寸线和箭头，标注尺寸。

2. 注意事项

1）合理布置图形位置，留出标注尺寸的空间。

2）画底稿时，作图线要轻而准确，并找出连接弧的圆心及切点。

3）按先曲后直、先水平后垂直再倾斜的顺序加深。

4）箭头应符合国家标准规定且大小一致。

5）保持图面清洁、干净。

（1）

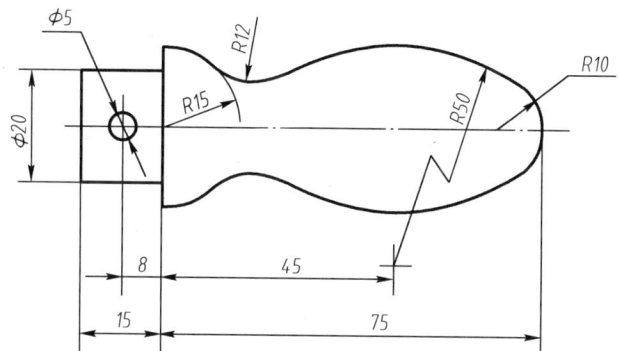

(2)

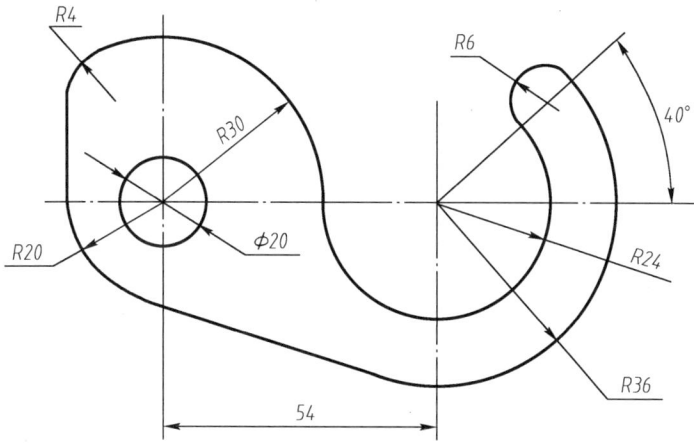

(3)

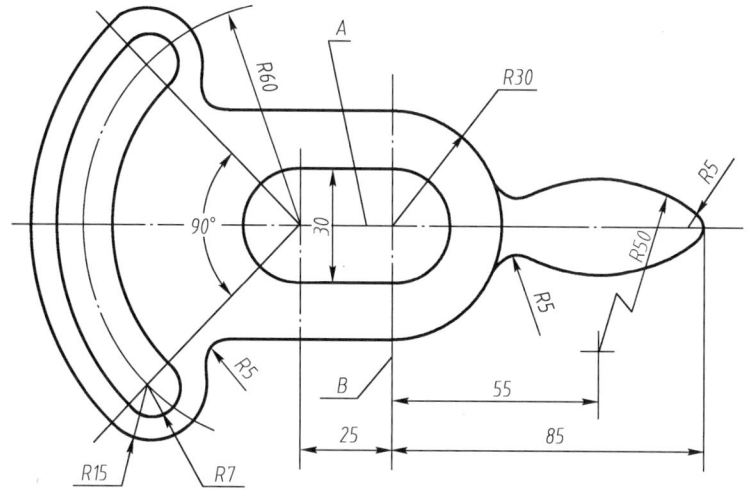

第 2 章　基本几何体

2.1　投影基础

1. 根据点的两面投影作出其第三面投影。

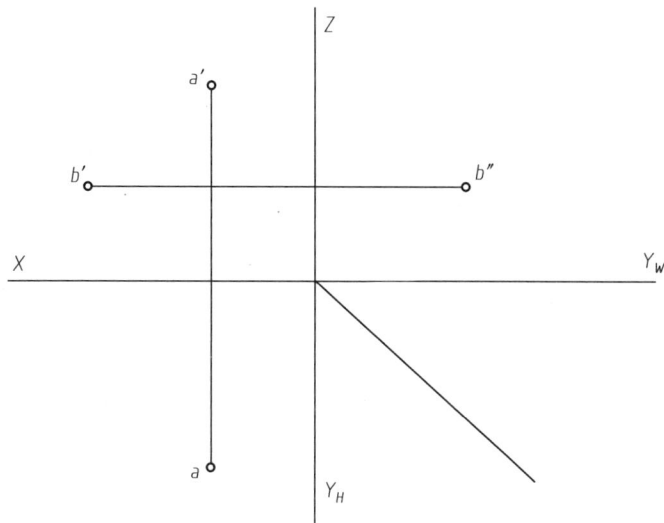

2. 根据点的坐标作出点的三面投影并填空。

已知 A（25，10，25），B（0，15，10），C（20，0，15），D（15，5，0）四点的坐标，作出四个点的三面投影。

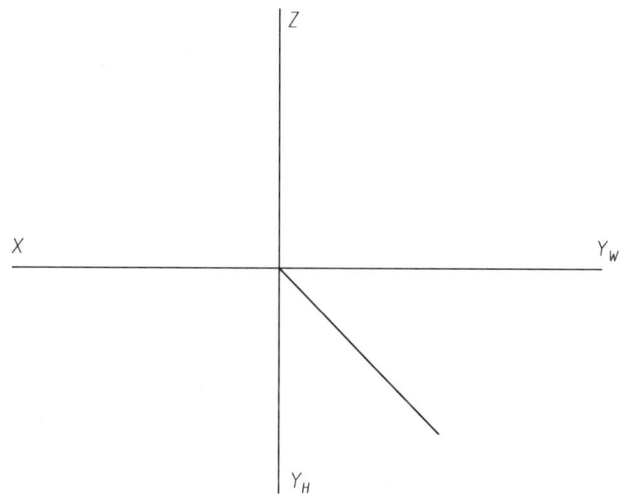

A 点在空间；B 点在_____投影面上，_____坐标为 0；C 点在_____投影面上，_____坐标为 0；D 点在_____投影面上，_____坐标为 0。

3. 已知 A 点距离 V 面为 10，距离 H 面为 15，距离 W 面为 5；B 点距离 H 面为 10，距离 W 面为 15，距离 V 面为 5。作出 A、B 两点的三面投影。

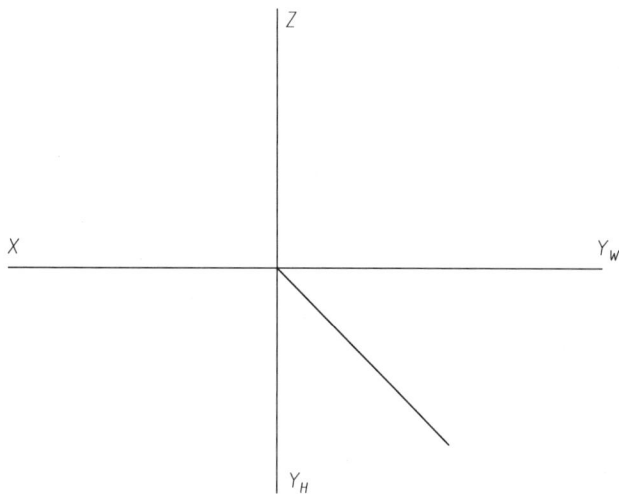

A_X_____ B_X，A 点在 B 点的_____方；

A_Y_____ B_Y，A 点在 B 点的_____方；

A_Z_____ B_Z，A 点在 B 点的_____方。

4. 已知 A 点的两面投影，B 点在 A 点的左方 15，下方 5，后方 10，作出 A 点的第三面投影和 B 点的投影。

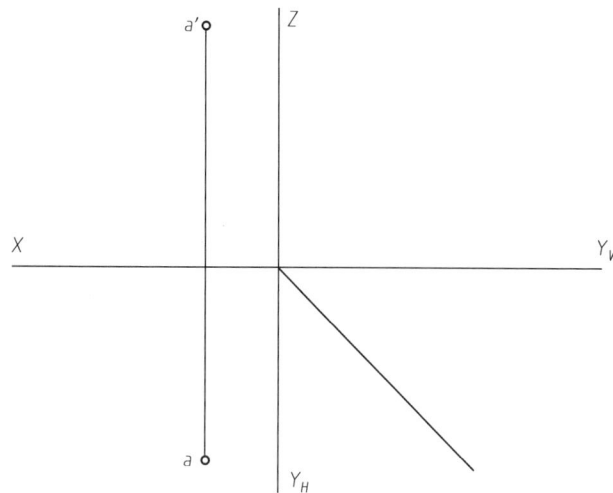

A_X_____ B_X，A 点在 B 点的_____方；

A_Y_____ B_Y，A 点在 B 点的_____方；

A_Z_____ B_Z，A 点在 B 点的_____方。

5. 作出直线的第三面投影，并且判断直线的位置。

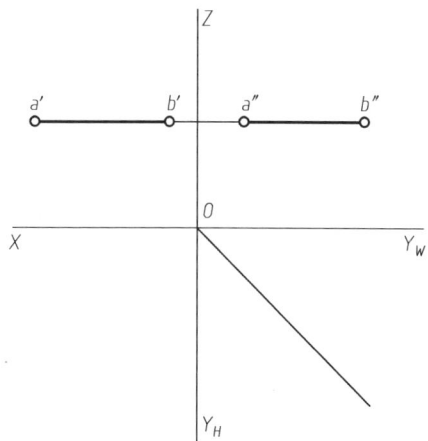

（1）_____

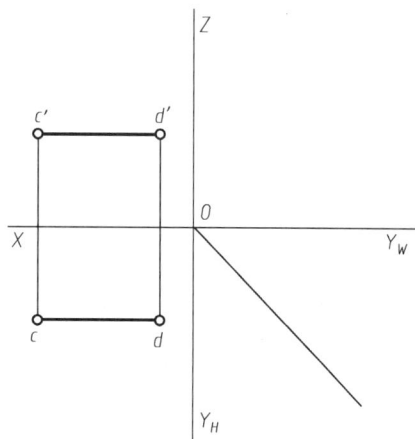

（2）_____

6. 已知线段的两个端点 A（20，0，0）、B（5，15，15）。作直线 AB 的三面投影。

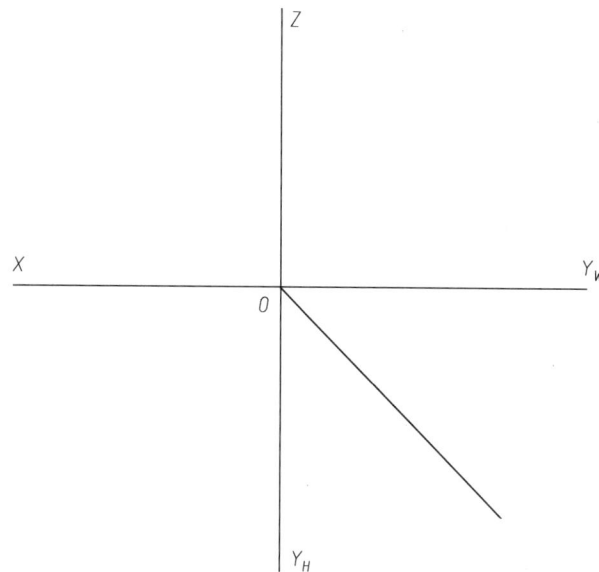

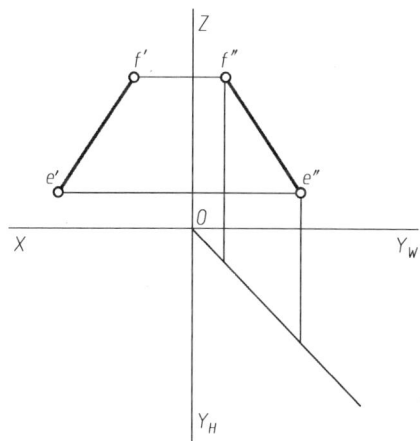

（3）_____

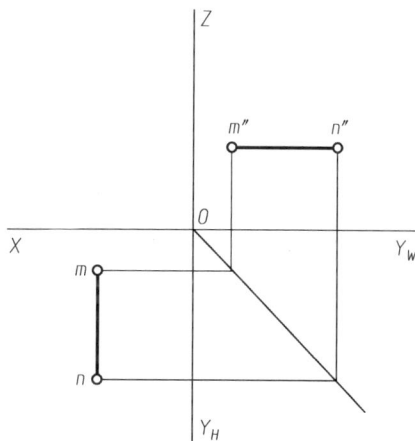

（4）_____

7. 对照轴测图，在投影图中标出 A、B、C、D 四点的投影，并填空。

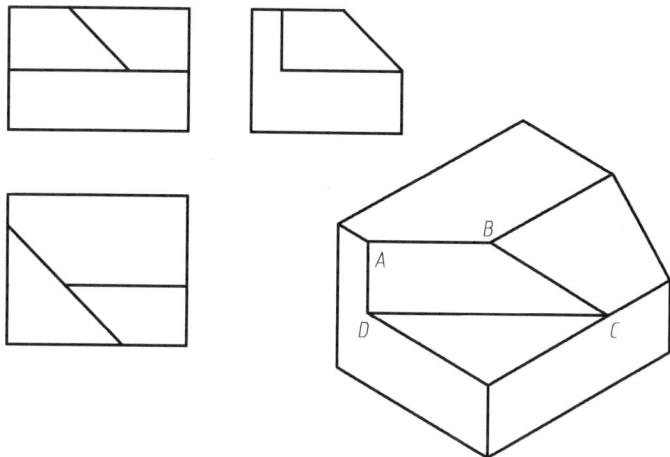

线段 AB 是_____线；

线段 BC 是_____线；

线段 CD 是_____线；

线段 AD 是_____线。

8. 已知正垂线 AB 的 A 点水平投影 a，AB 长 20，B 点在 A 点后面，作出直线 AB 的三面投影（任求一解）。

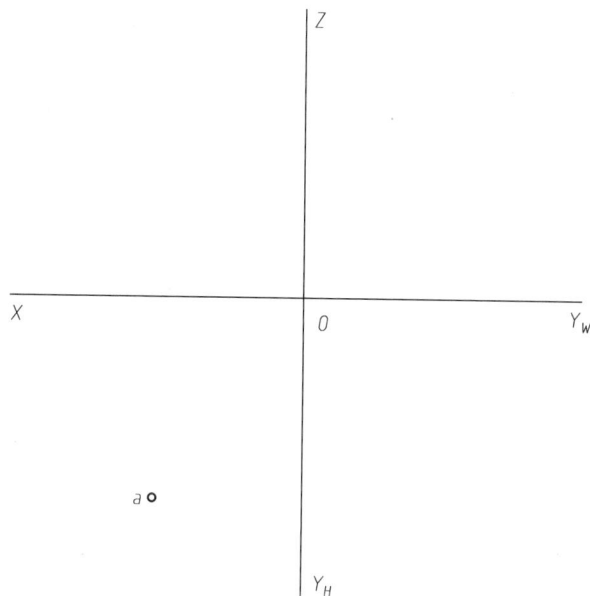

9. 补充平面的第三面投影，并填空。

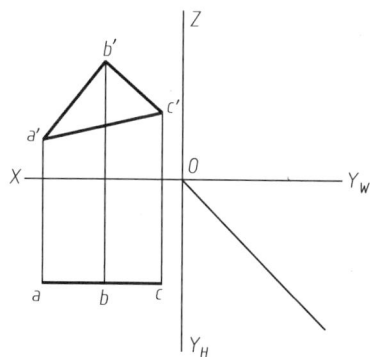

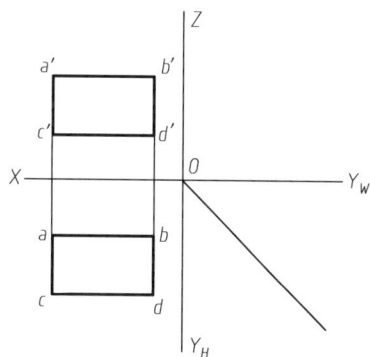

_____面

_____面

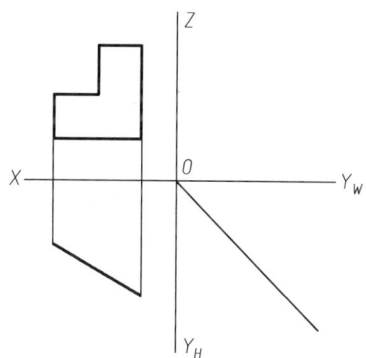

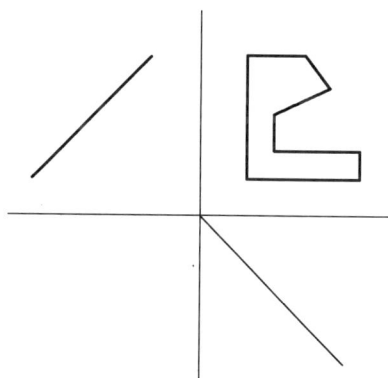

_____面

_____面

10. 根据轴测图，将 *A*、*B*、*C*、*D*、*E* 五个面的三面投影在三视图中标示出来并填空。

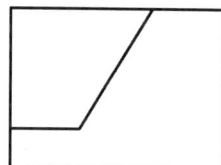

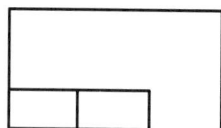

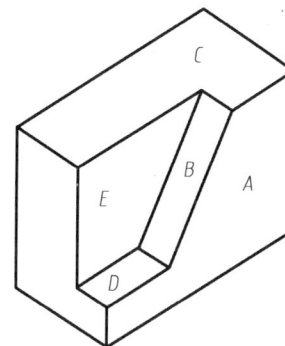

A 面平行于_____面，在_____面上反映实形；

B 面垂直于_____面，在_____面上积聚为一直线；

C 面平行于_____面，在_____面和_____面上积聚为一直线；

C 面在 *D* 面之_____（上或下），*E* 面在 *A* 面之_____（前或后）。

11. 在投影图上标出指定平面的其余两面投影，并在立体图上用相应大写字母标出各平面位置。

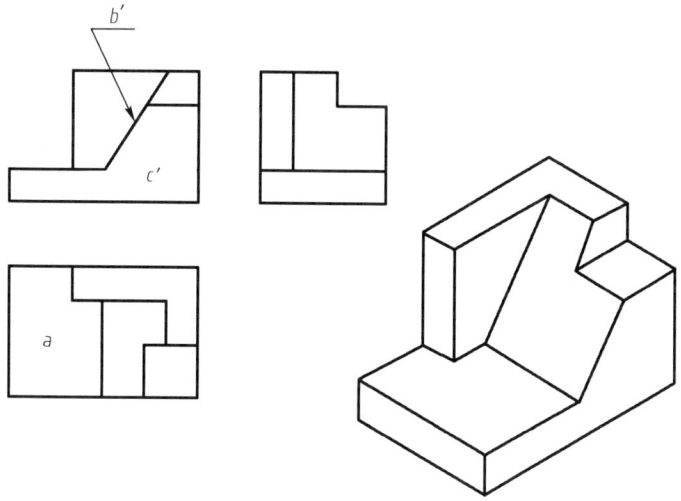

A 面是＿＿＿＿＿＿面；

B 面是＿＿＿＿＿＿面；

C 面是＿＿＿＿＿＿面。

12. 找出 A 面的三面投影。

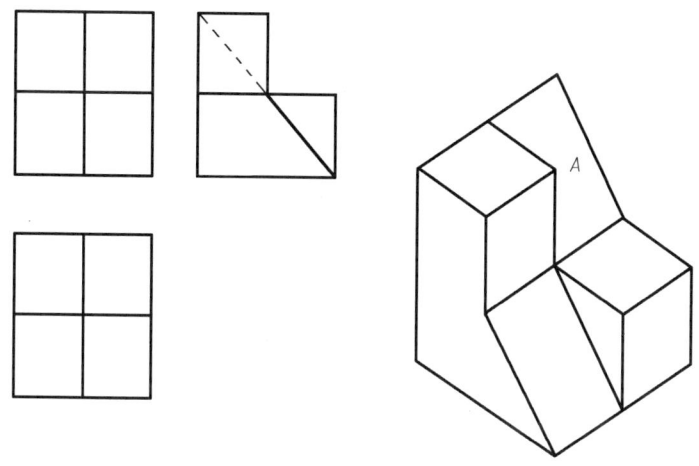

13. 用字母标出 M、N 两面以及点 A、B、C、D、E、F 的投影后填空。

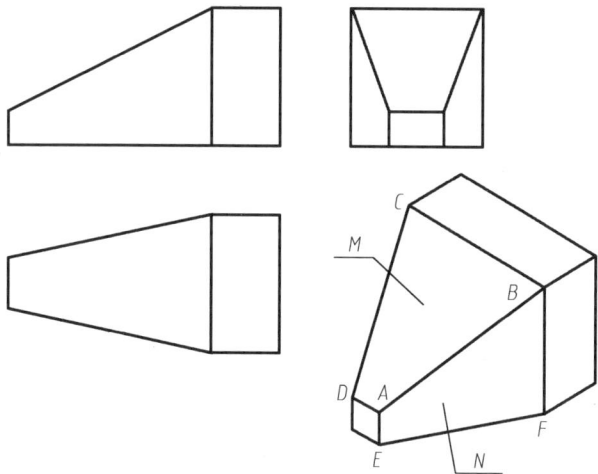

梯形 $ABCD$（面 M）是_____ 面；

直角梯形 $ABFE$（面 N）是_____ 面；

AB 是_____ 线；

BC 是_____ 线；

BF 是_____ 线。

14. 完成下列平面的水平投影。

（1）

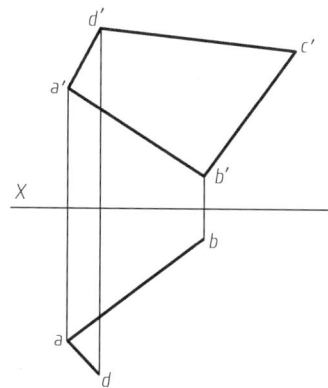

（2）

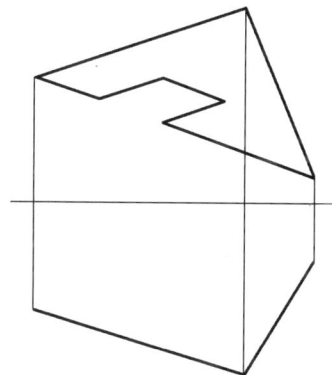

2.2 基本几何体

1. 根据右图填空。

（1）投射方向与视图名称的关系：

由_____向_____投射所得的视图，称为_____；

由_____向_____投射所得的视图，称为_____；

由_____向_____投射所得的视图，称为_____。

（2）视图间的投影规律：

____视图与_____视图，长对正；

____视图与_____视图，高平齐；

____视图与_____视图，宽相等。

（3）视图与物体间的方位关系：

主视图反映物体的_____和_____；

俯视图反映物体的_____和_____；

左视图反映物体的_____和_____；

____坐标值越大，表示方位越靠上；

____坐标值越大，表示方位越靠左；

____坐标值越大，表示方位越靠前；

俯、左视图，远离主视图的一边，表示物体的_____面；

靠近主视图的一边，表示物体的_____面。

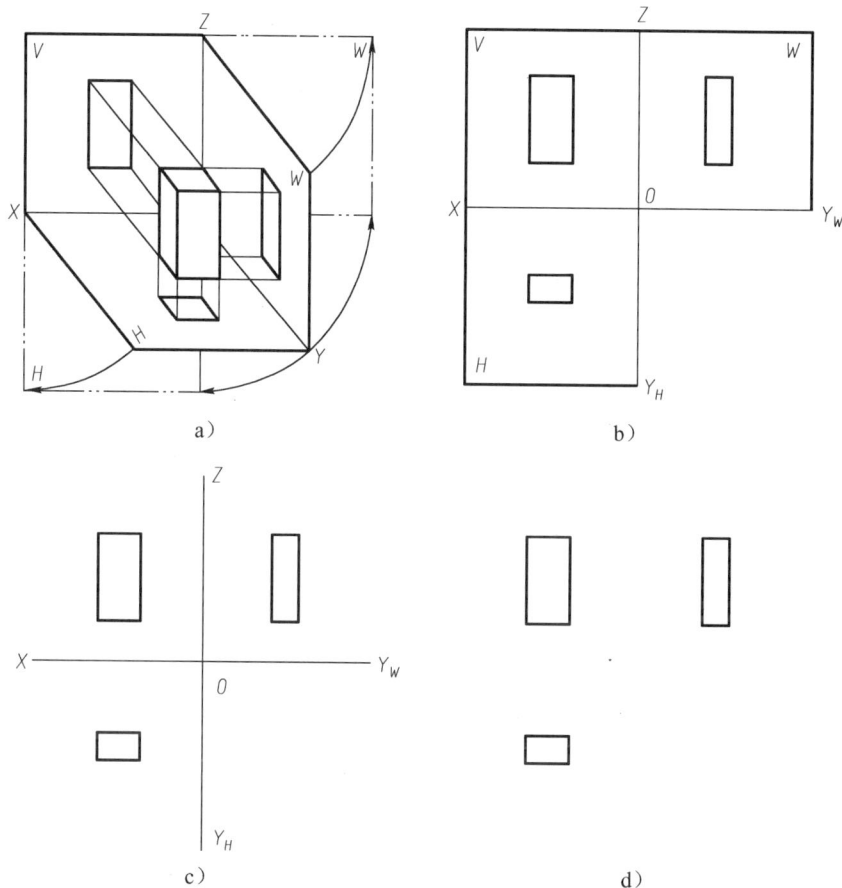

a)

b)

c)

d)

2. 补充平面立体的第三视图并且标注尺寸（尺寸从图中量取，取整数）。

（1）

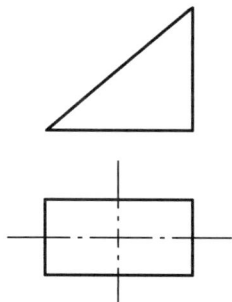

（2）

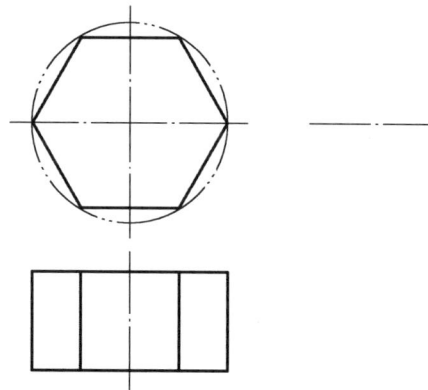

（3）

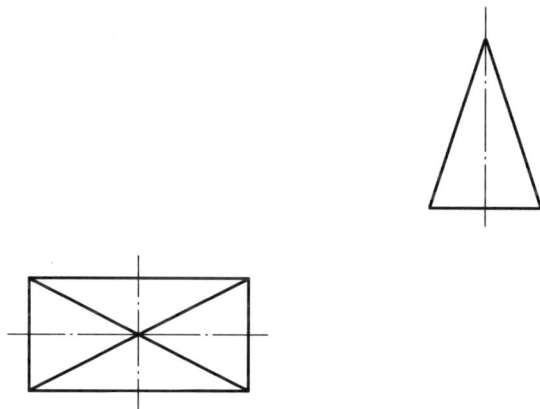

（4）

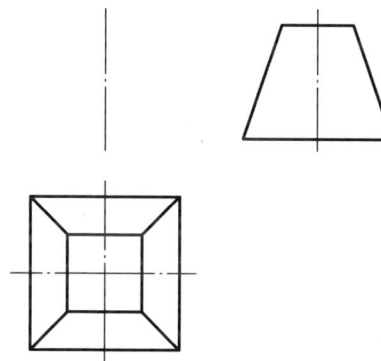

3. 补充曲面立体的第三视图并且标注尺寸（尺寸从图中量取，取整数）。

（1）

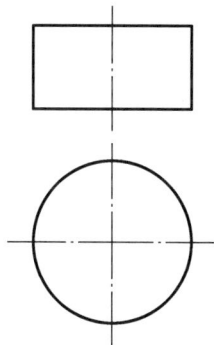

（2）

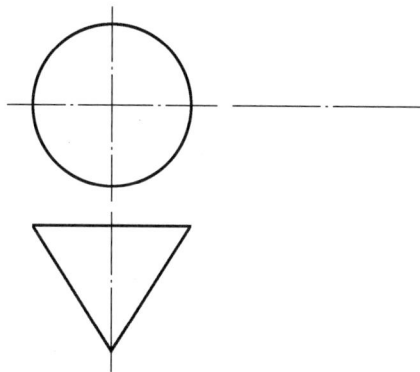

（3）

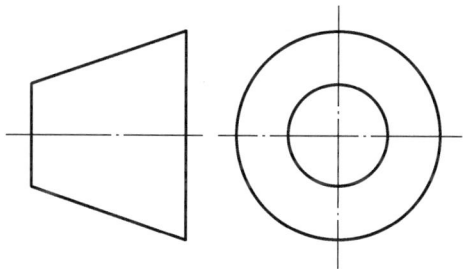

（4）

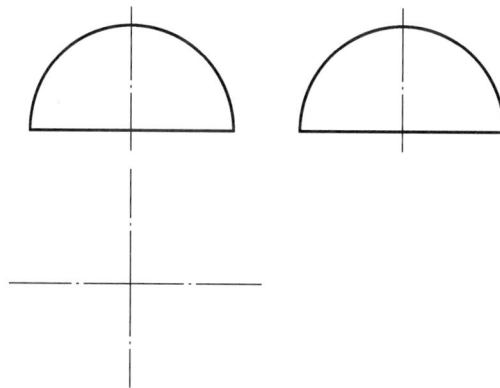

4. 完成第三视图并且作出各点的其他投影。

（1）

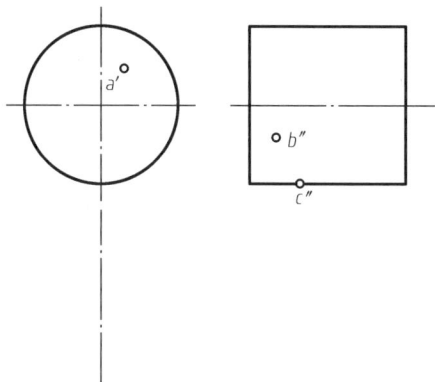

（2）

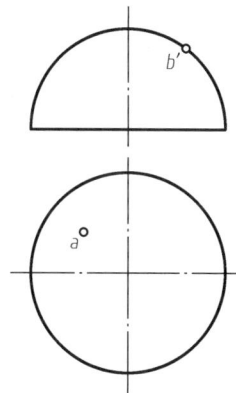

（3）

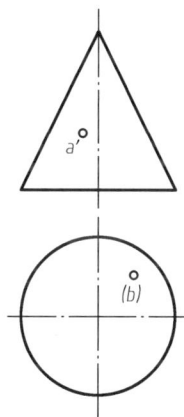

（4）

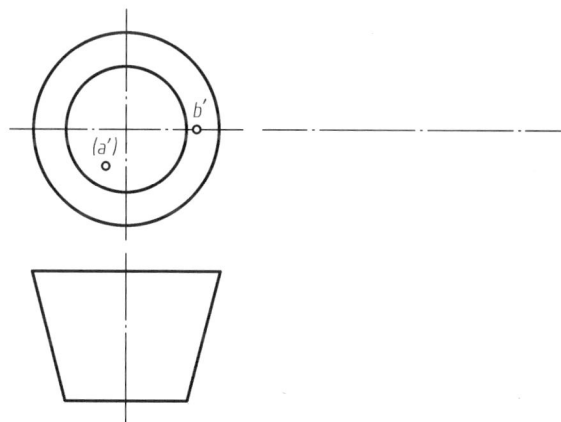

5. 截交线的绘制。

（1）参考轴测图，补充平面立体的第三面视图。

①

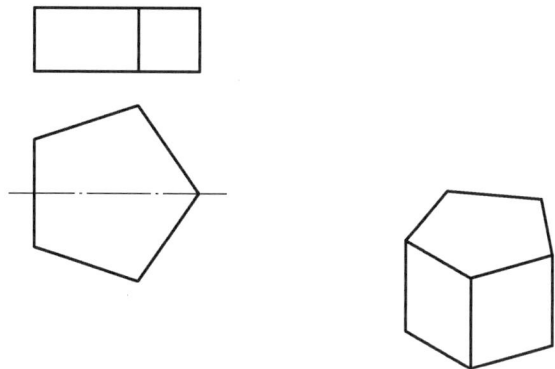

②

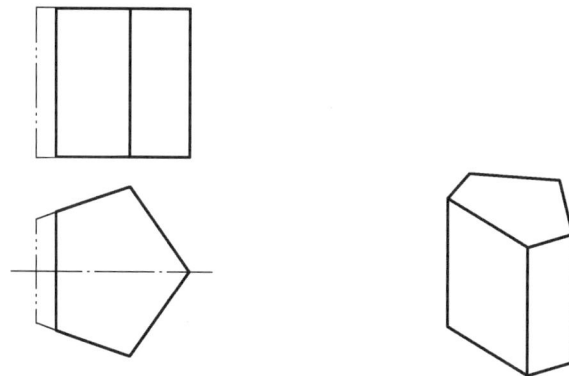

③

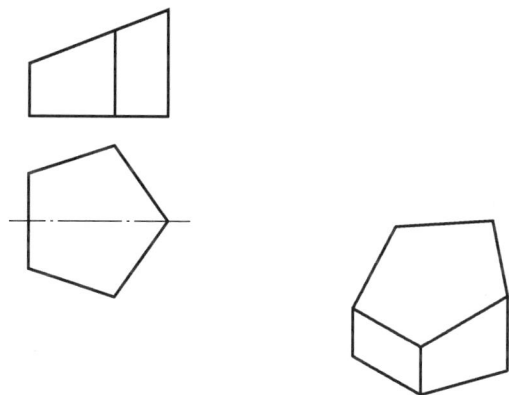

④

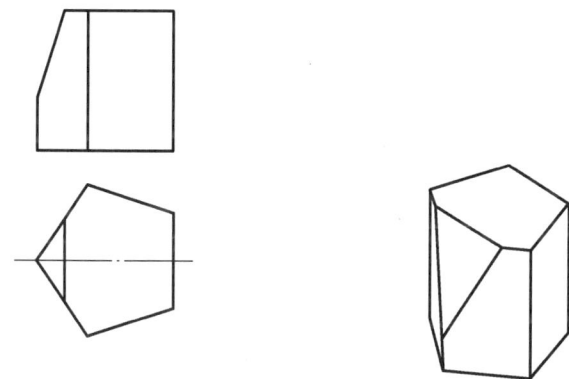

（2）根据两视图，补充平面立体的第三视图。

①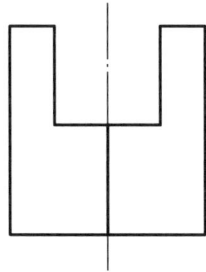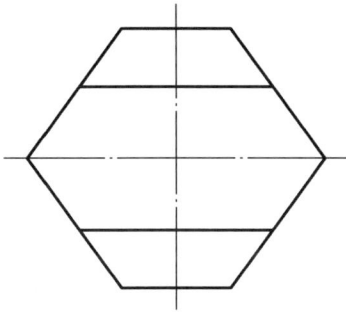

②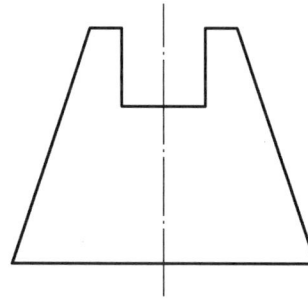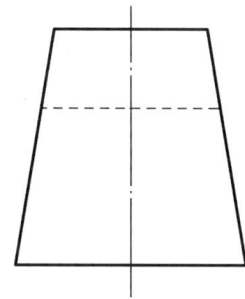

（3）根据两视图和轴测图，补充曲面立体的第三视图。

①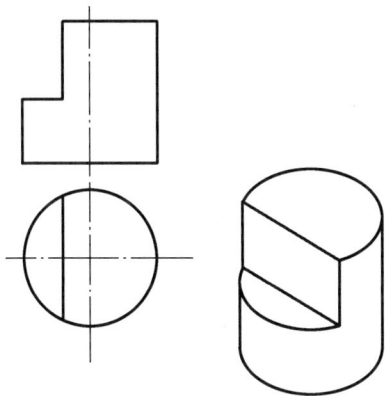

②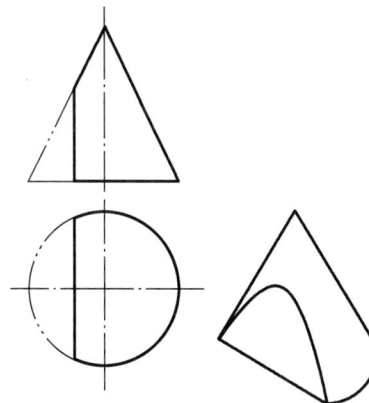

③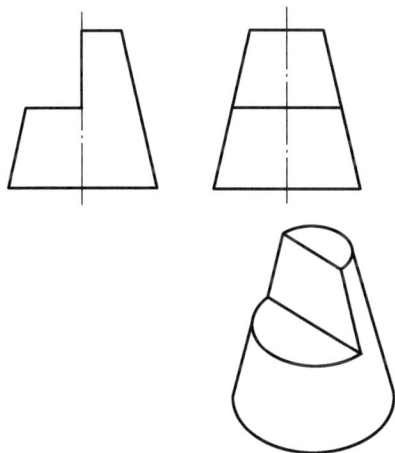

④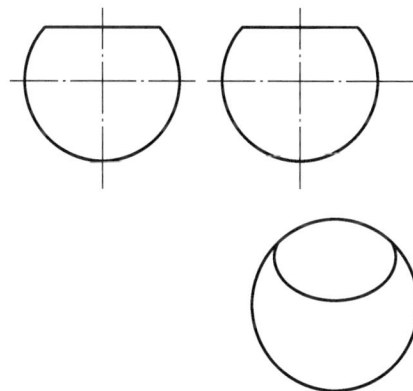

（4）根据轴测图，补充曲面立体三视图中缺少的图线。

①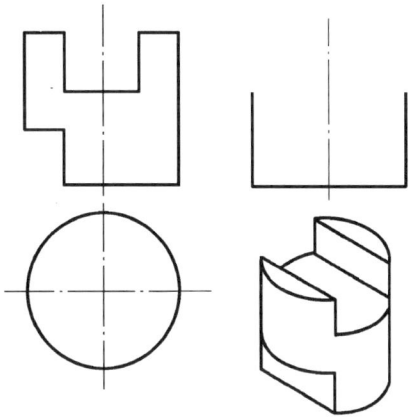

②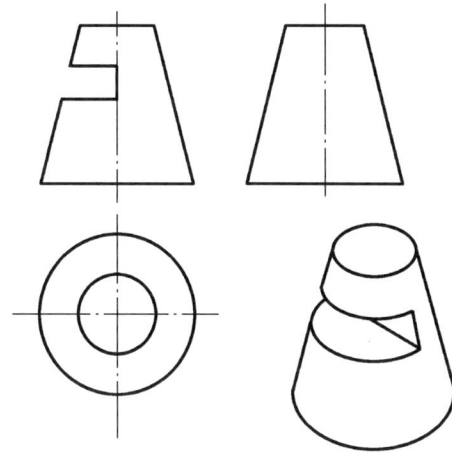

③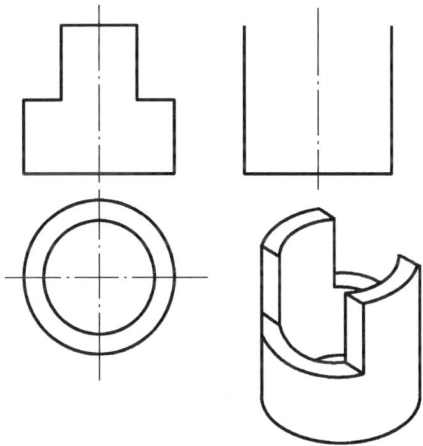

④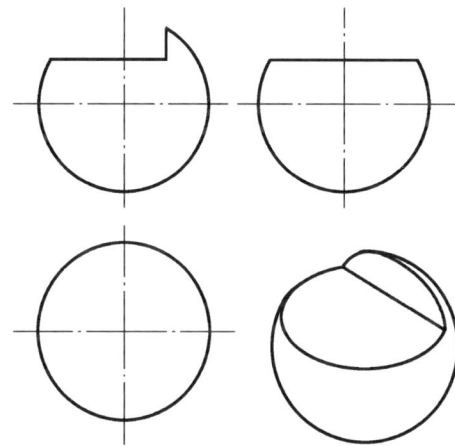

（5）根据两面视图，补充曲面立体的第三视图。

①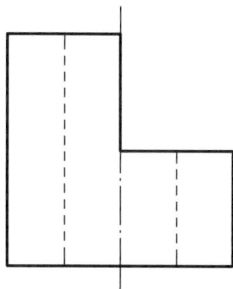

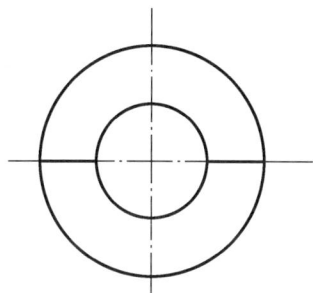

②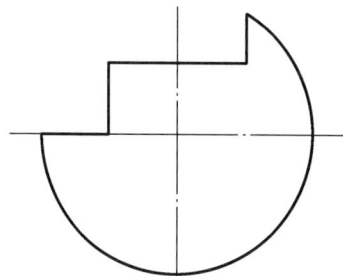

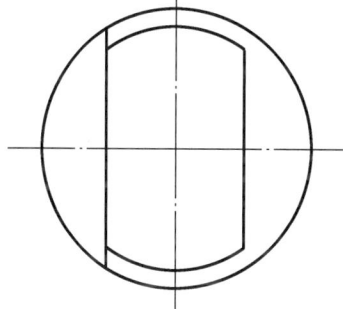

6. 相贯线的绘制。

（1）利用简化画法作出图中的相贯线。

①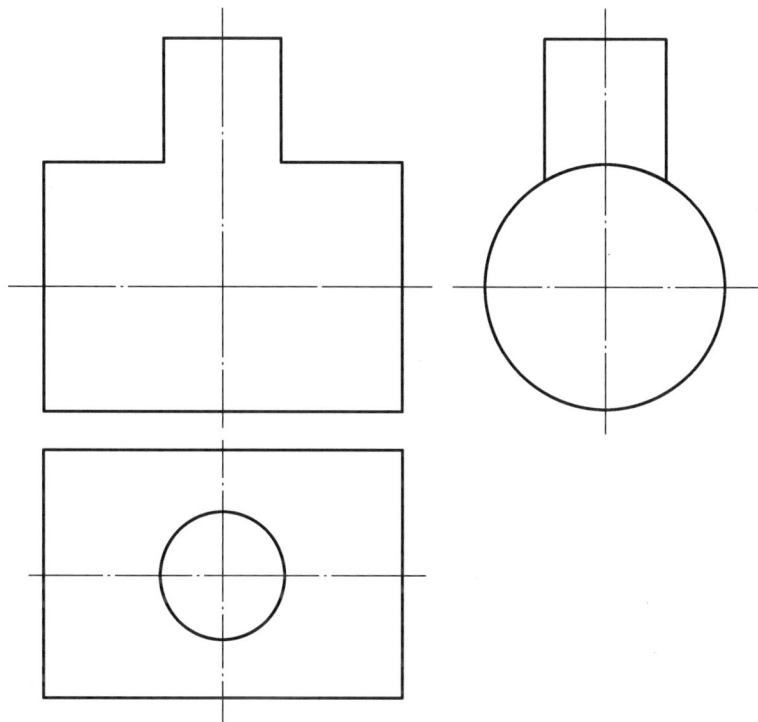

②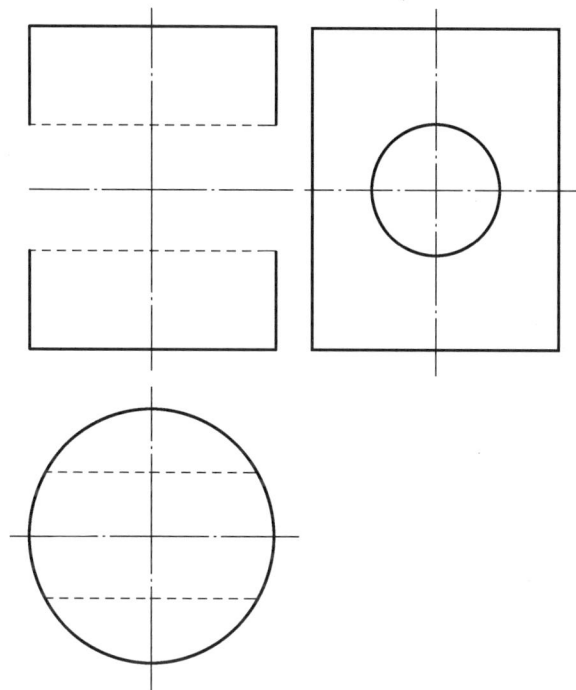

（2）利用简化画法作出图中的相贯线。

①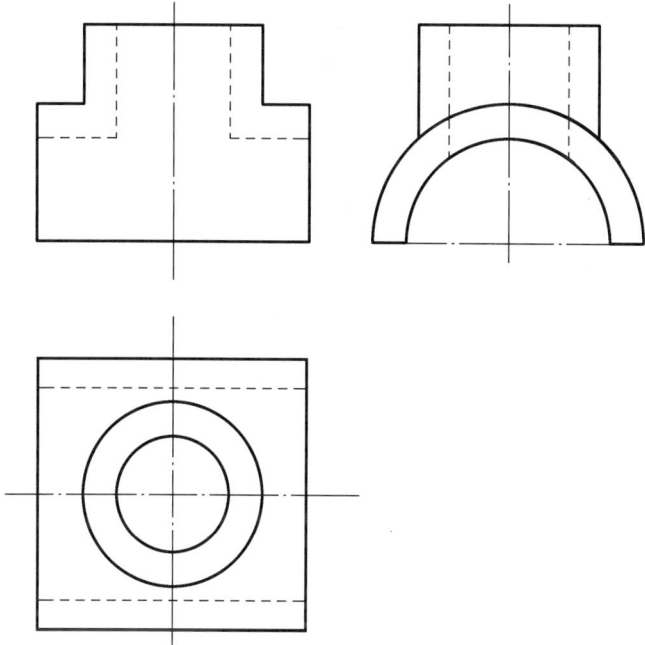

②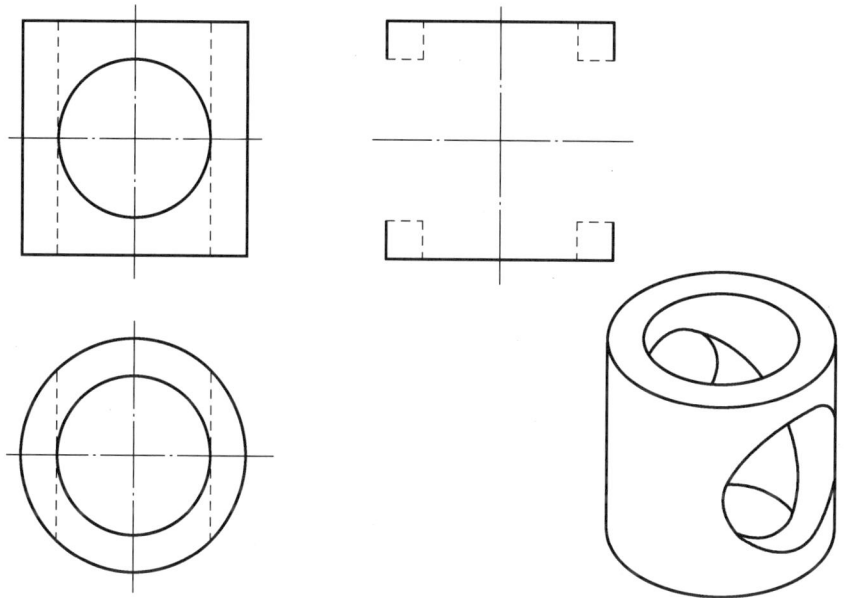

第3章 组 合 体

3.1 组合体三视图的画法及尺寸注法

1. 补充左视图，比较两立体的异同。

（1）

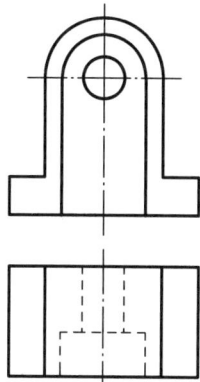

（2）

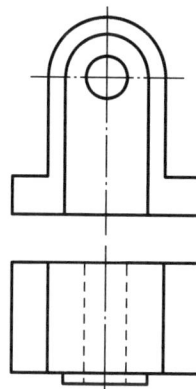

（3）

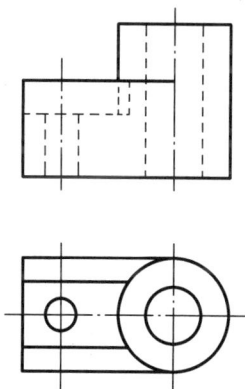

（4）

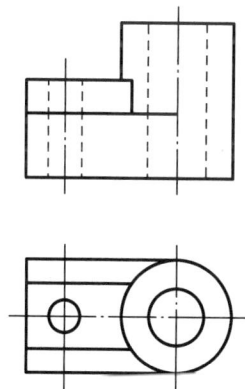

2. 根据轴测图完成其余两个视图的投影。

（1）

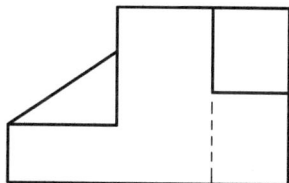

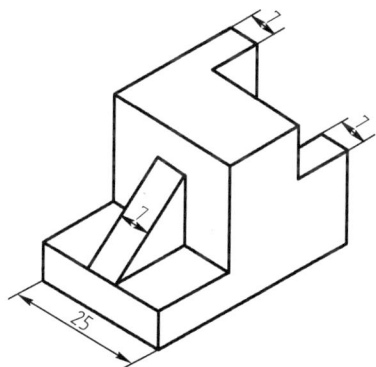

（2）

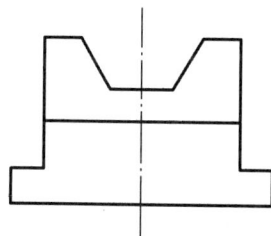

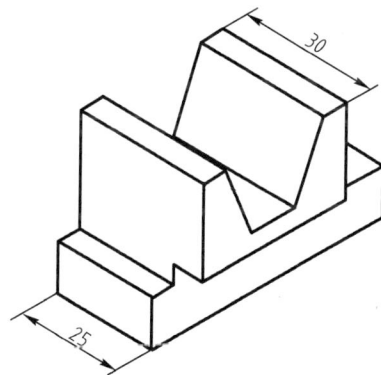

3. 根据轴测图所注的尺寸，按1：1的比例画组合体的三视图。

（1）

（2）

4. 根据轴测图，选择适当的图幅，用1:1的比例画出三视图并标注尺寸。

（1）

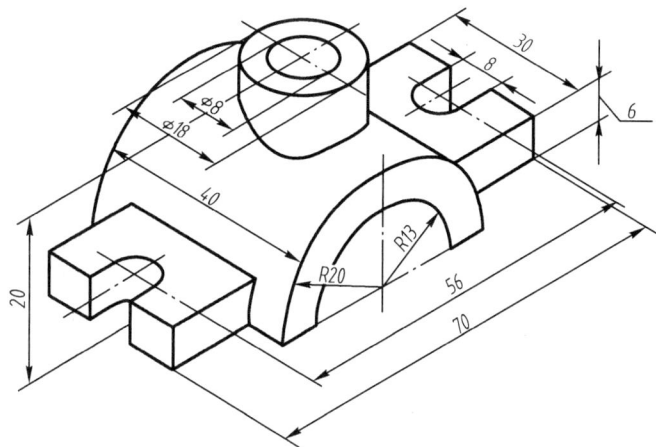

（2）

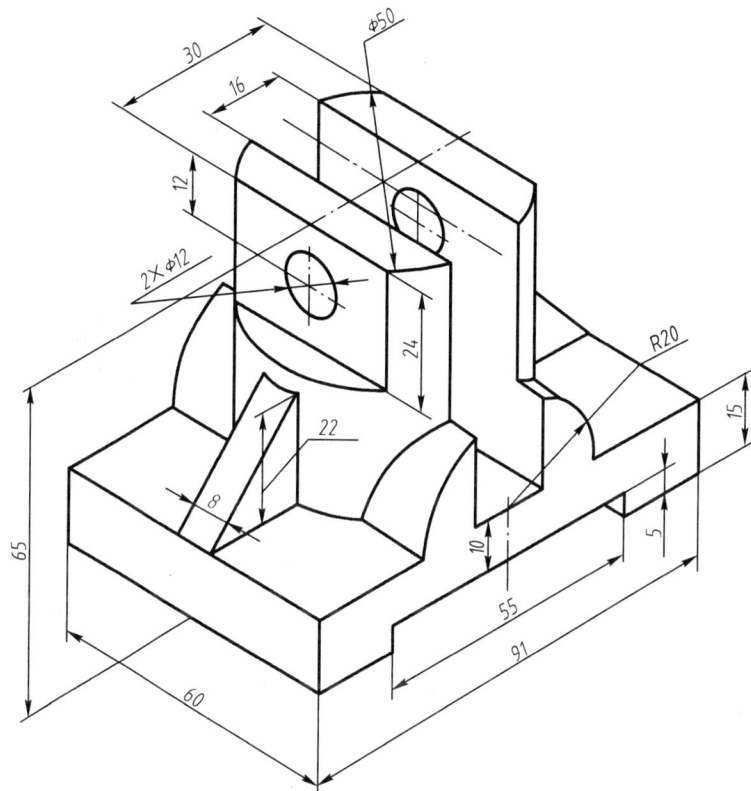

5. 标注组合体尺寸，尺寸数值从图中量取（取整数）。

（1）

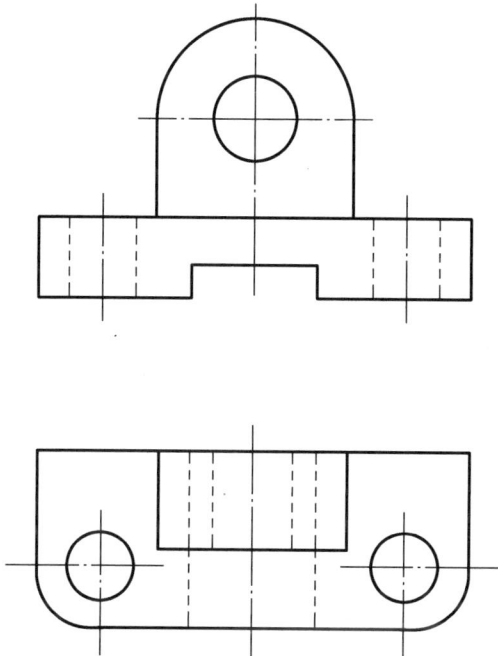

（2）

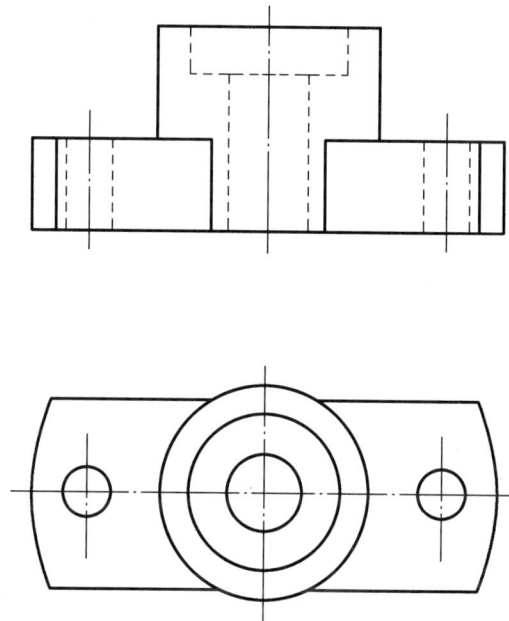

3.2 组合体三视图的读图

1. 根据主、左视图，并参照立体图，选择正确的俯视图并打"√"。

（1）	（2）	（3）	（4）
	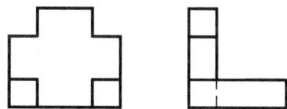		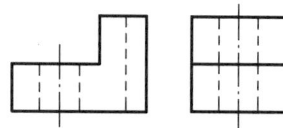
 a)	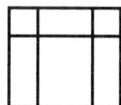 a)	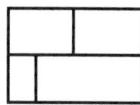 a)	 a)
 b)	 b)	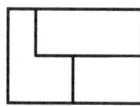 b)	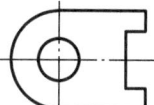 b)
 c)	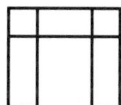 c)	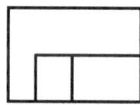 c)	 c)
 d)	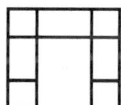 d)	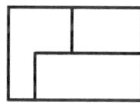 d)	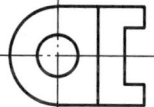 d)

2. 对照立体图，补充三视图中的缺线。

（1）

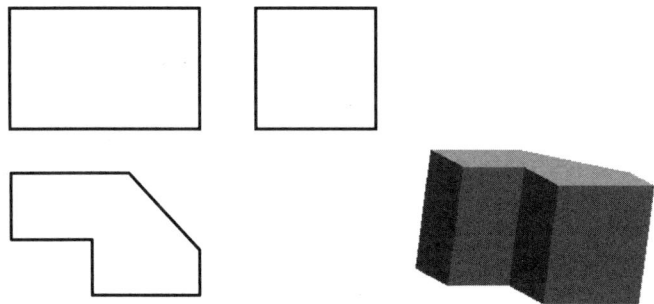

（2）

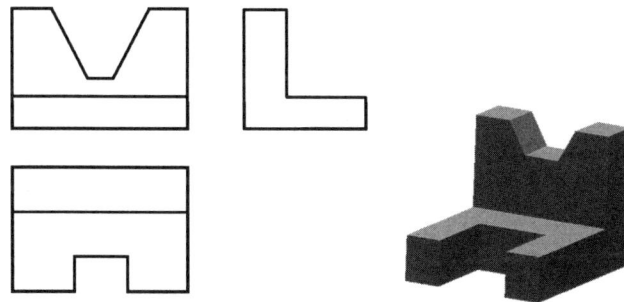

（3）

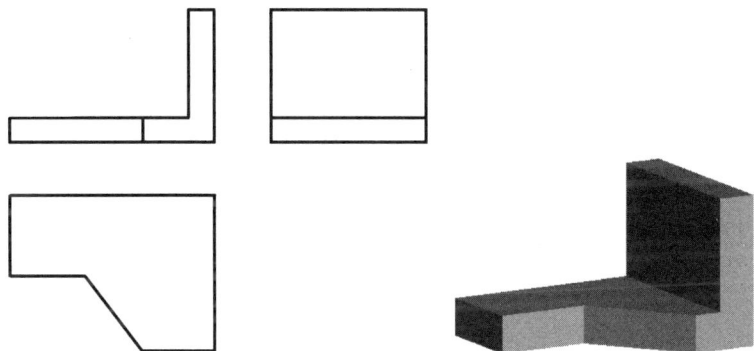

（4）

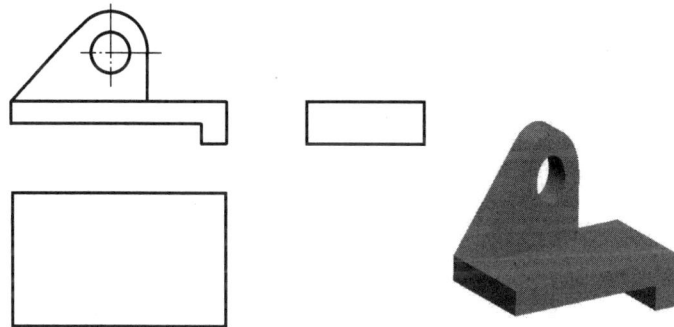

(5)

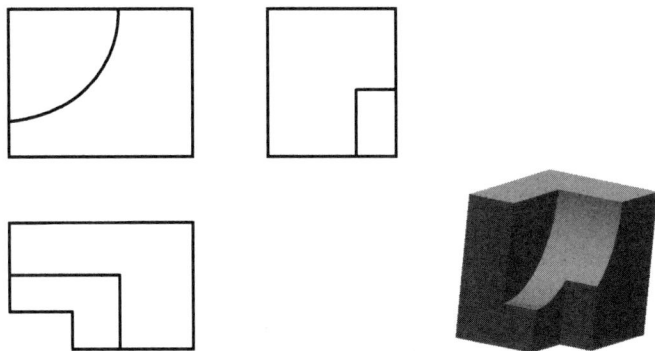

(6)

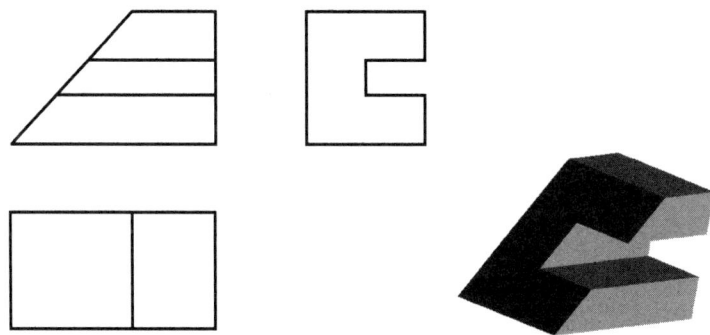

(7)

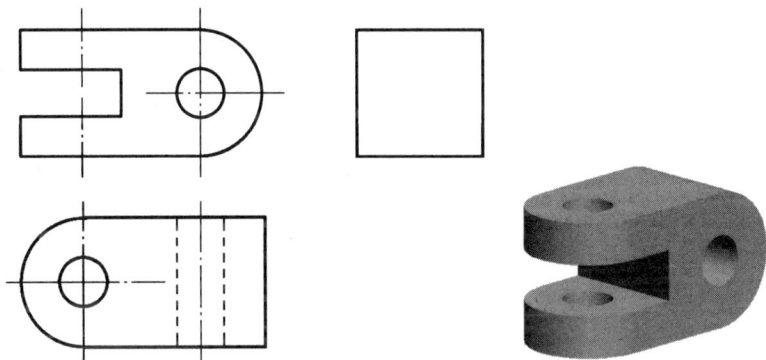

(8)

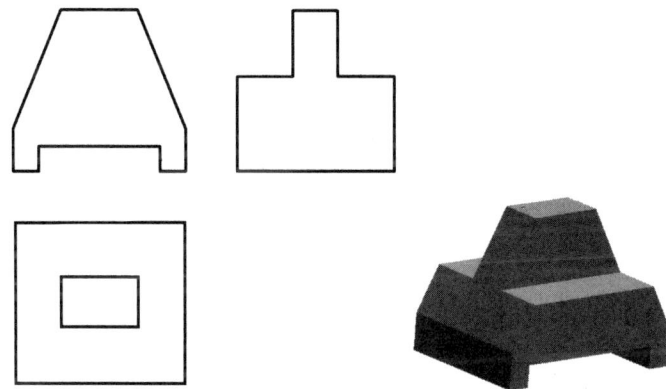

(9)

 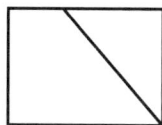

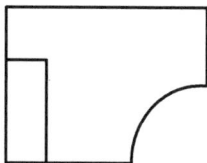 

(10)

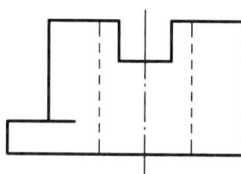 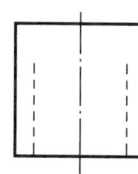

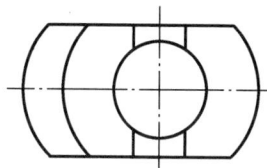 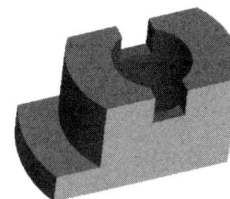

(11)

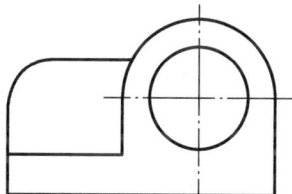 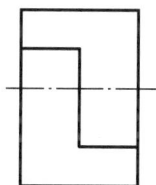

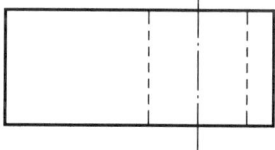 

(12)

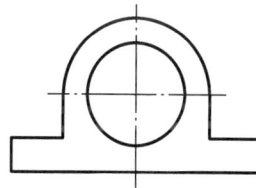 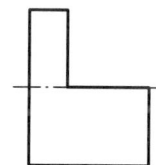

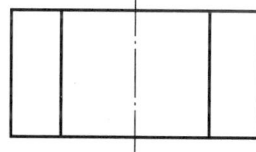 

3. 根据所给视图想象组合体形状，补充视图中的缺线。

(1)

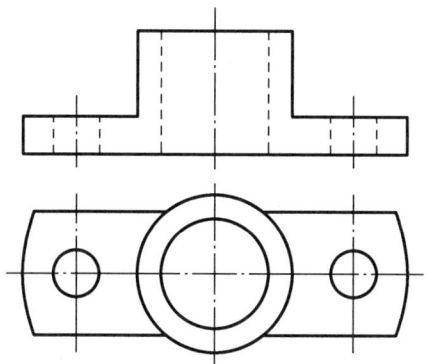

(2)

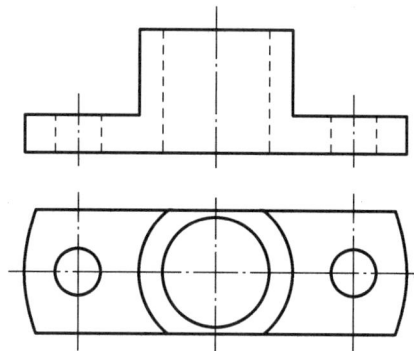

(3)

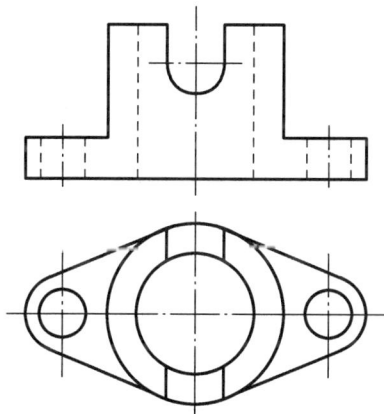

(4)

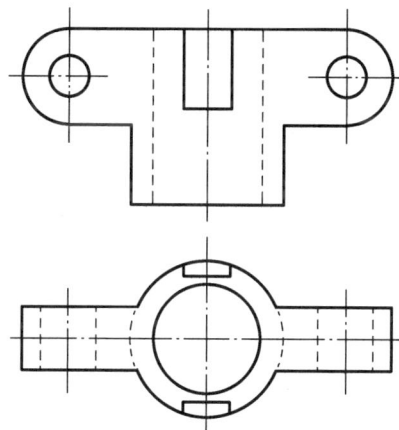

(5)

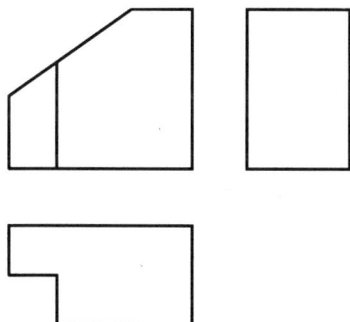

(6)

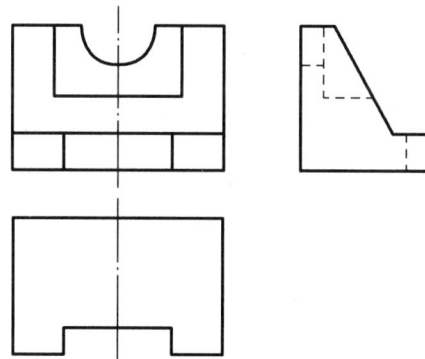

(7)

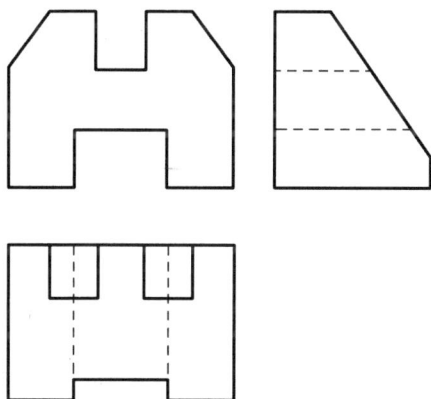

(8)

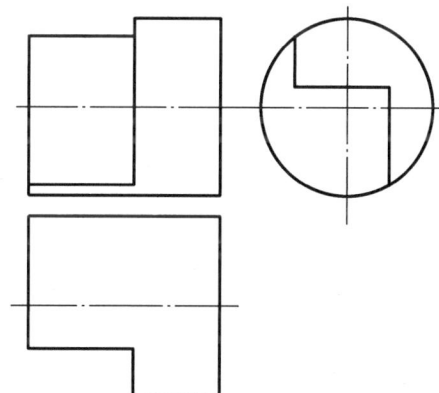

4. 根据立体图辨认相应的两视图，补充第三视图。

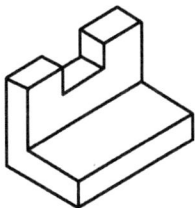
a)

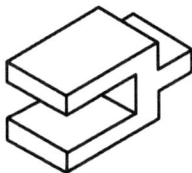
b)

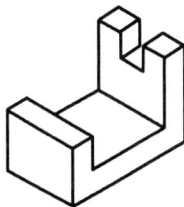
c)

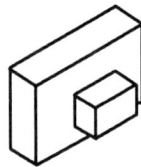
d)

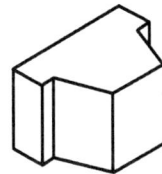
e)

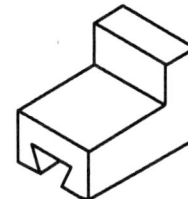
f)

（　　）

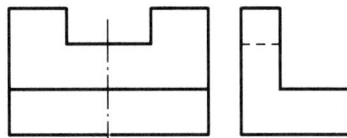

（　　）

（　　）

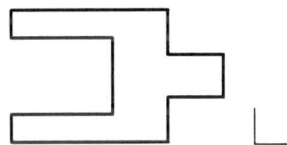

（　　）

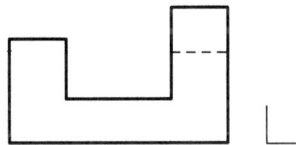

（　　）

（　　）

5. 读懂给出视图，补充第三视图。

（1）

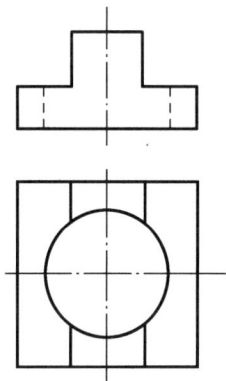

（2）

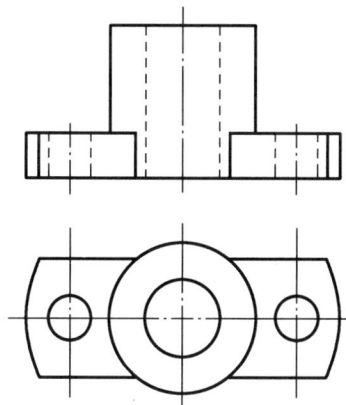

（3）

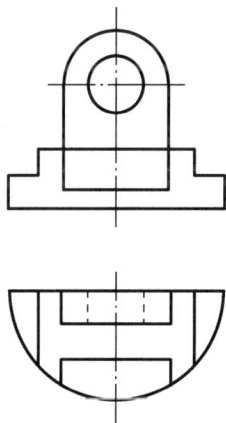

（4）

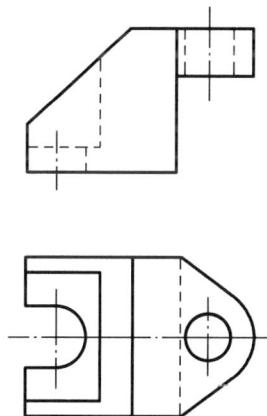

(5)

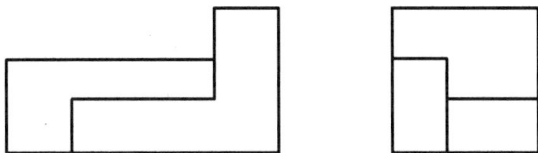

(6)

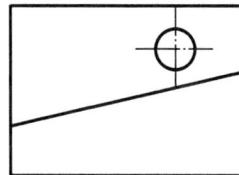

(7)

(8)

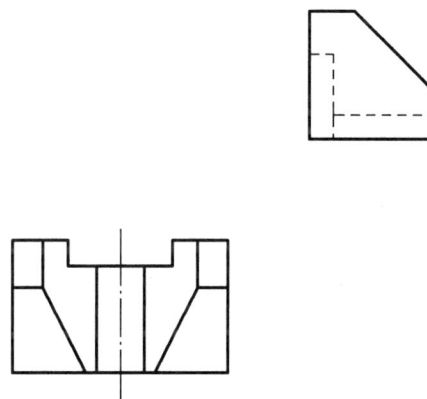

6. 根据两视图选择正确的第三视图并打"√"。

（1）
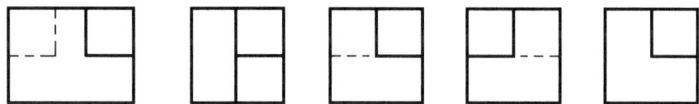
　　　　a)　　　　b)　　　　c)　　　　d)
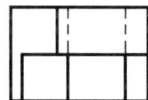

（2）
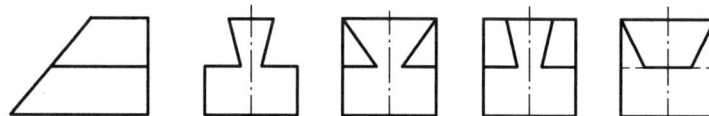
　　　　a)　　　　b)　　　　c)　　　　d)
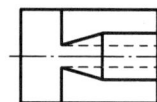

（3）
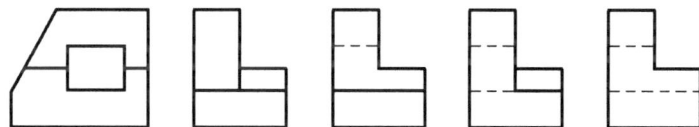
　　　　a)　　　　b)　　　　c)　　　　d)

（4）
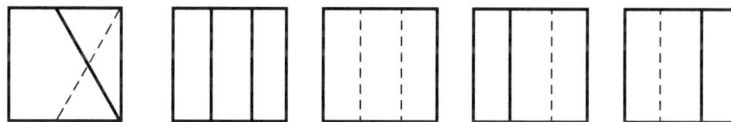
　　　　a)　　　　b)　　　　c)　　　　d)
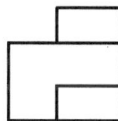

3.3 组合体的轴测图

1. 根据下列视图绘制其正等测轴测图。

（1）

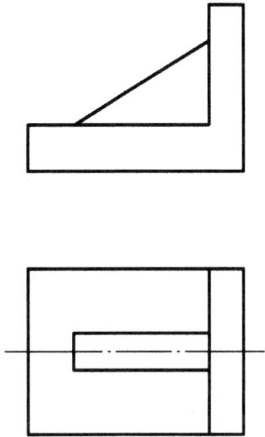

（2）

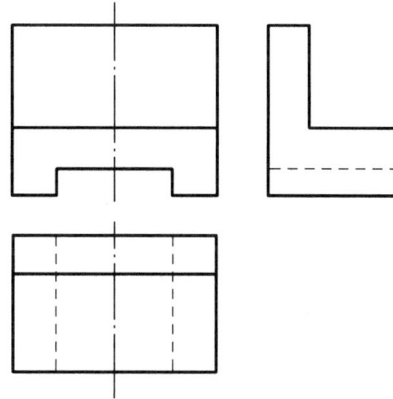

（3）

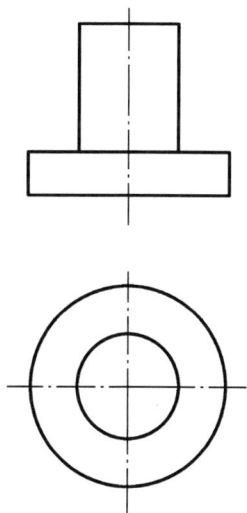

（4）

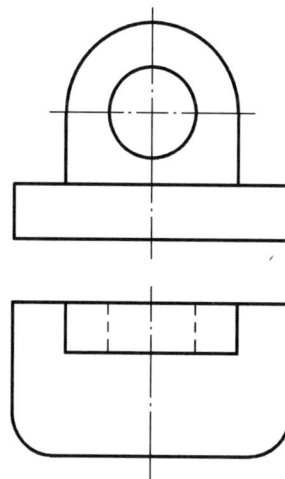

2. 根据下列视图绘制其斜二测轴测图。

（1）

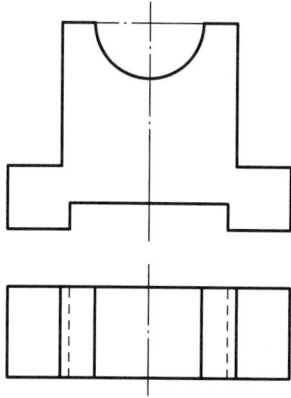

（2）

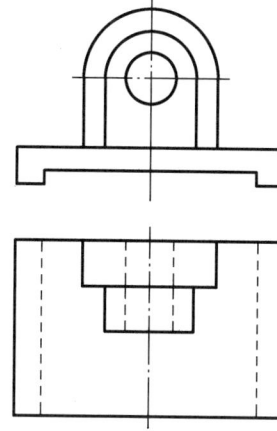

第 4 章 机件的表达方法

4.1 视图

1. 根据机件的立体图和主、俯视图，补充其他基本视图上的缺线。

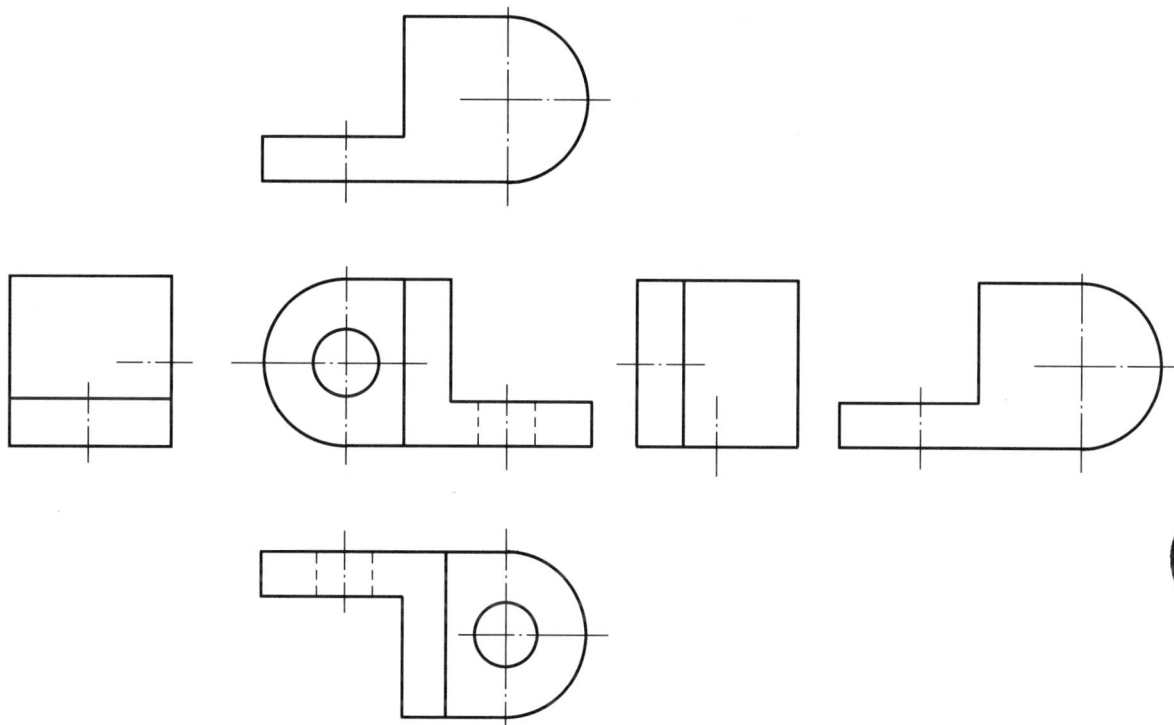

2. 根据主、俯、左视图画出 A 向、B 向和 C 向视图。

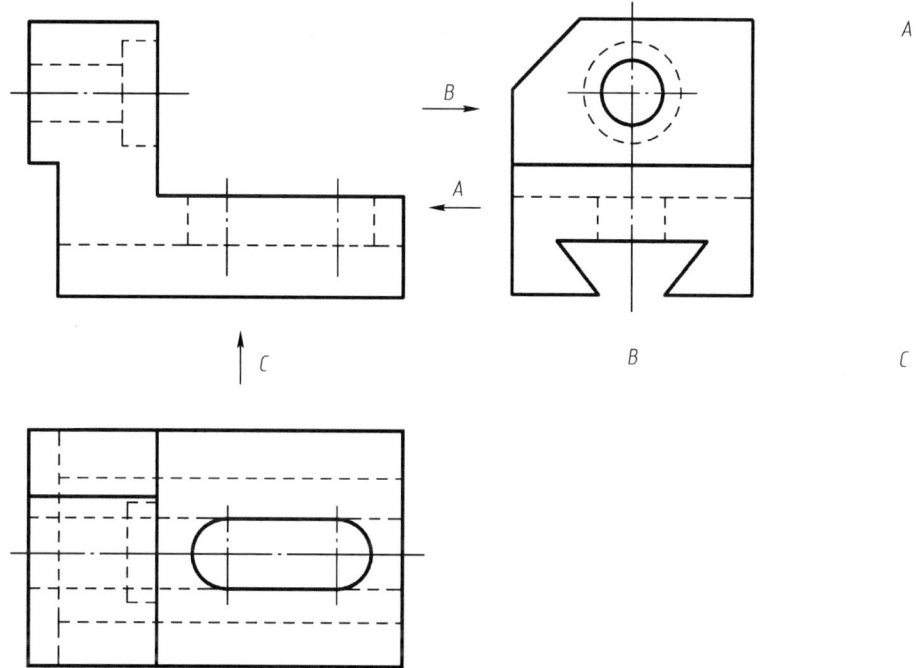

3. 参照立体图画出 A 向局部视图。

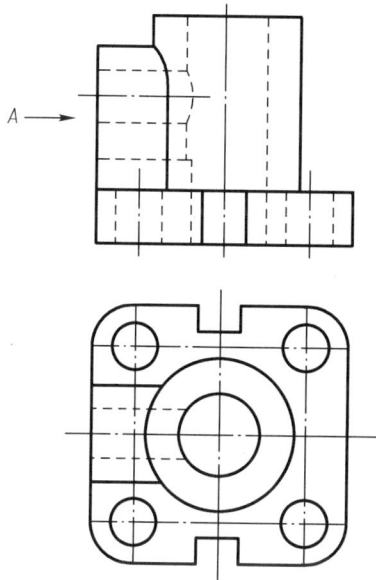

4. 参照立体图和所给视图，在指定位置画出 A 向斜视图和 A 向旋转后的斜视图，以及 B 向和 C 向局部视图。

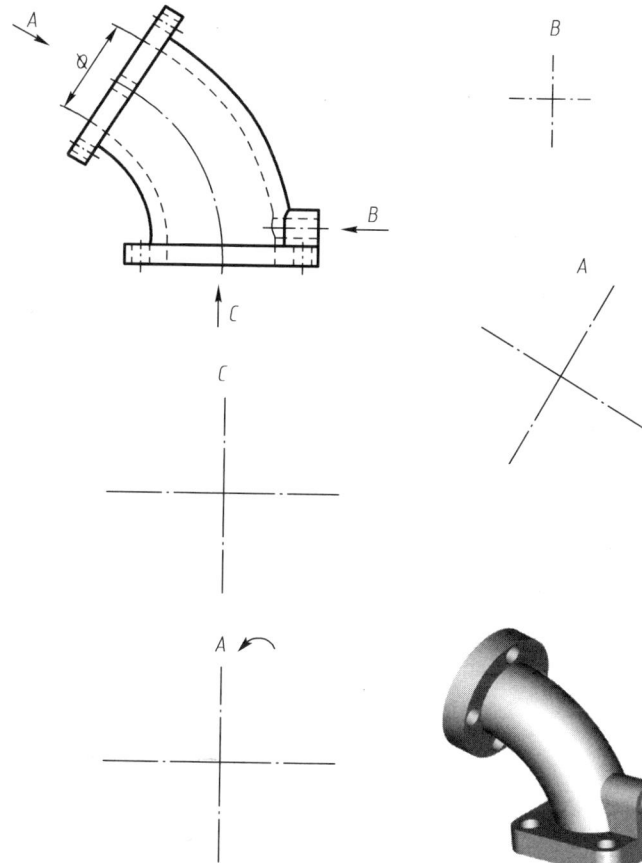

4.2 剖视图

1. 看懂视图，将主视图补画成全剖视图。

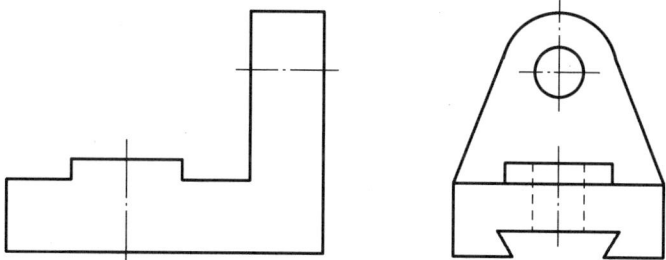

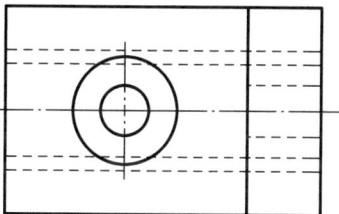

2. 看懂视图，补充主视图缺漏的图线，并补充全剖视的左视图。

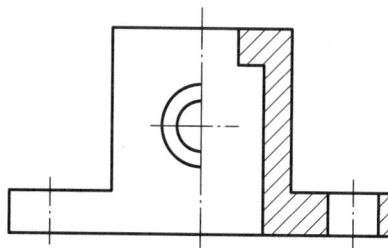

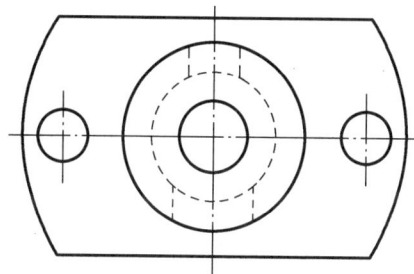

3. 看懂视图，将主视图画成全剖视图。

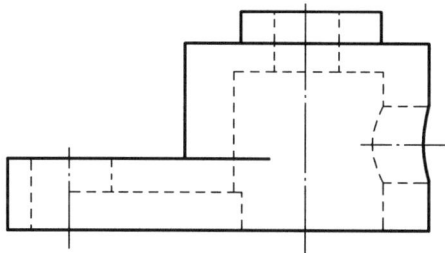

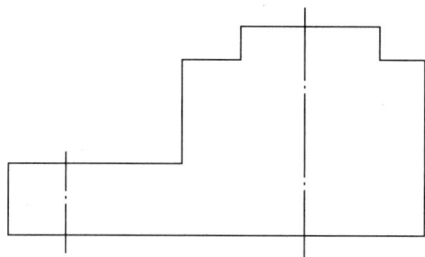

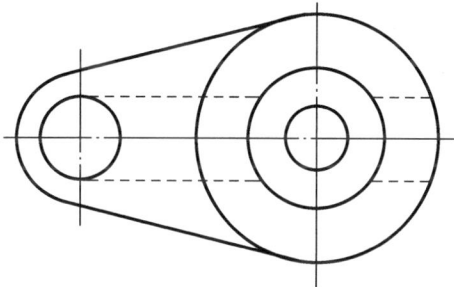

4. 看懂视图，将主视图画成全剖视图。

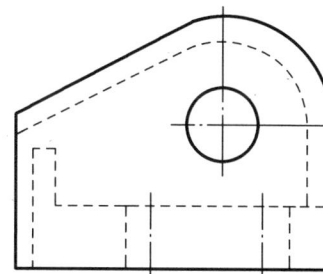

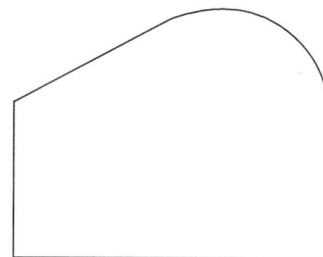

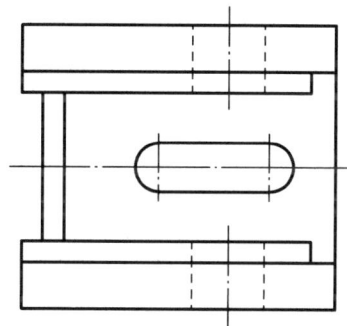

5. 看懂视图，将主视图画成全剖视图，并补充半剖视的左视图。

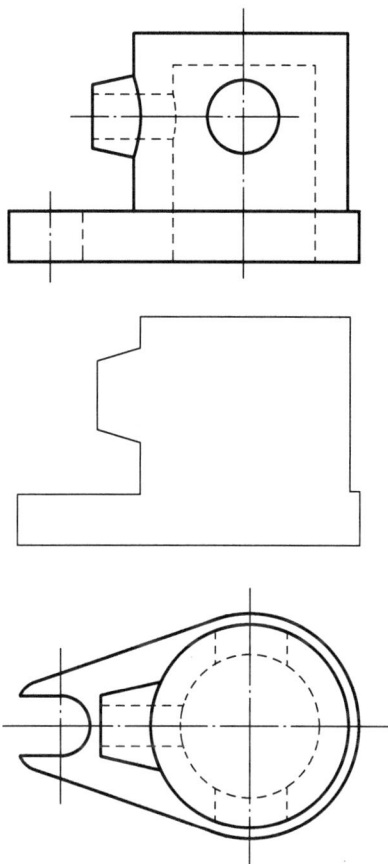

6. 看懂视图，将主视图画成半剖视图。

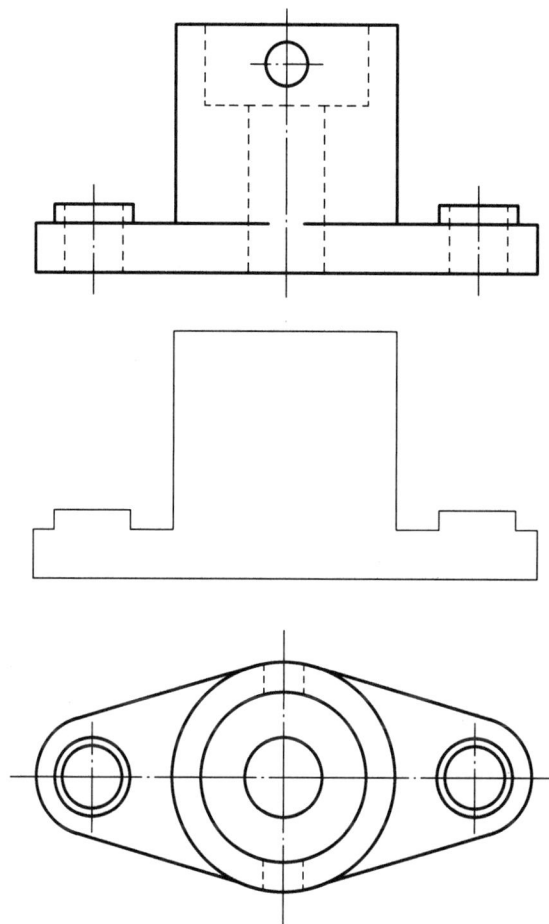

7. 看懂视图，将主视图画成半剖视图。

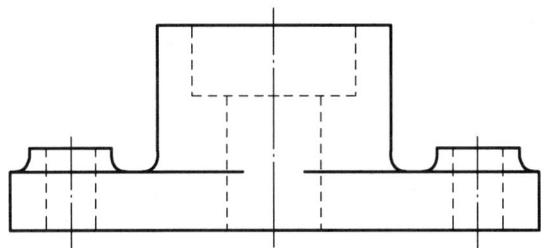

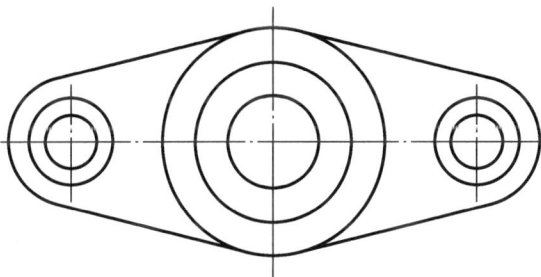

8. 看懂视图，将主视图画成半剖视图。

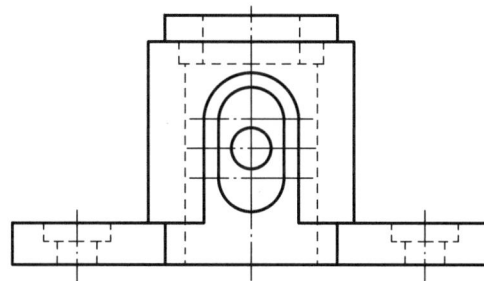

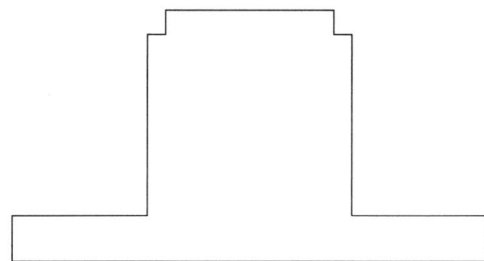

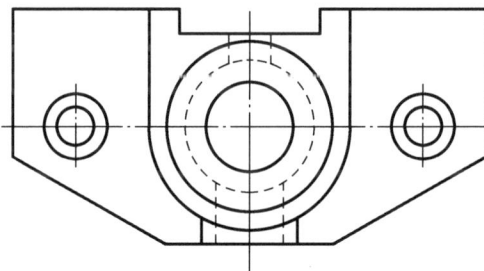

9. 看懂视图，将主视图画成全剖视图、俯视图画成半剖视图。

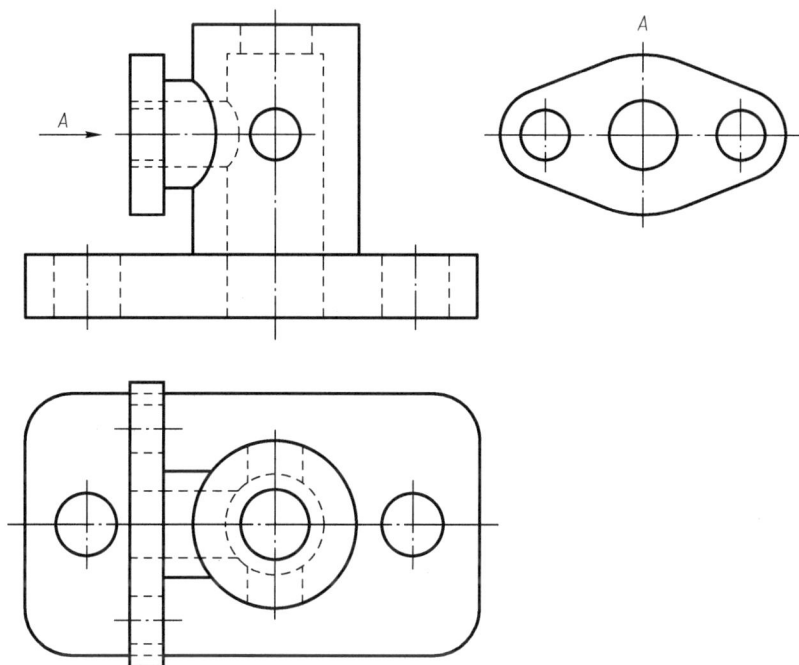

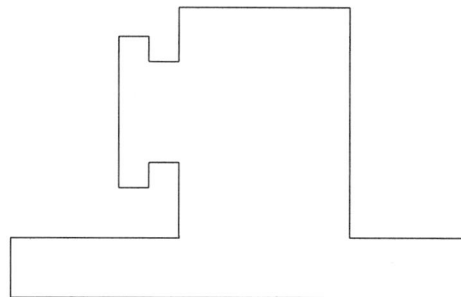

10. 在下方空白处将主视图画成局部剖视图。

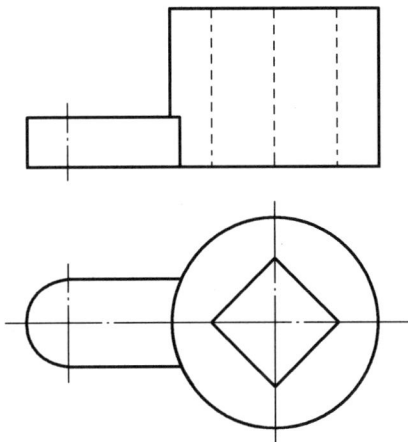

11. 在右边指定位置将主、俯视图改画成局部剖视图。

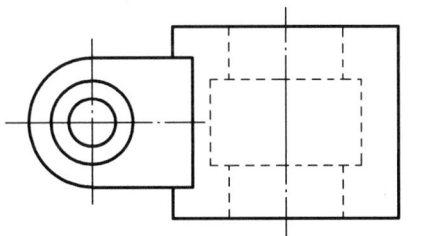

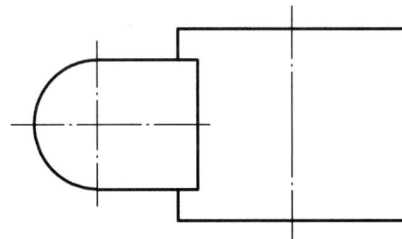

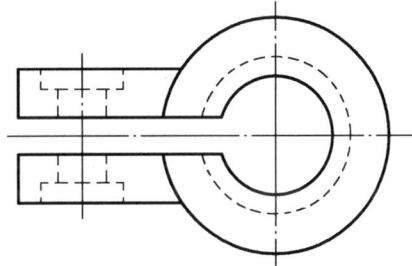

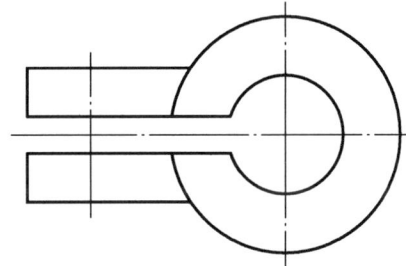

12. 作 *A*—*A* 剖视图。

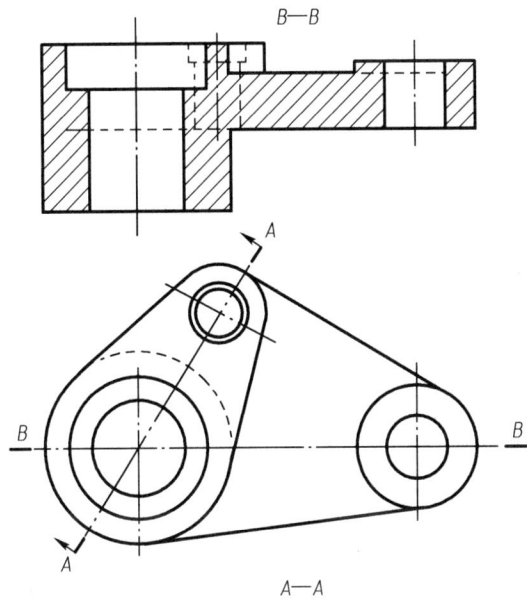

B—*B*

A—*A*

13. 作 *A*—*A* 剖视图。

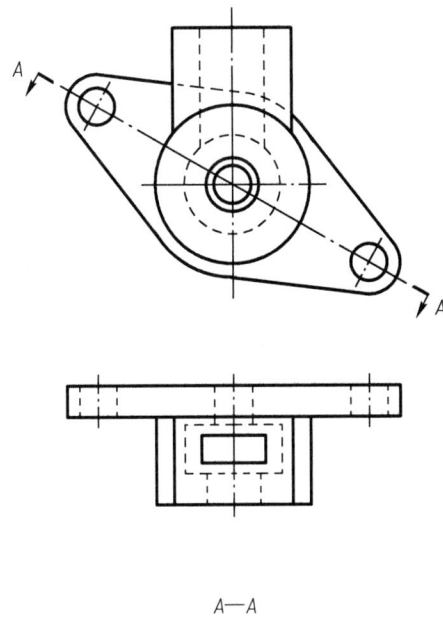

A—*A*

14. 用几个平行的剖切平面剖切，并进行标注。

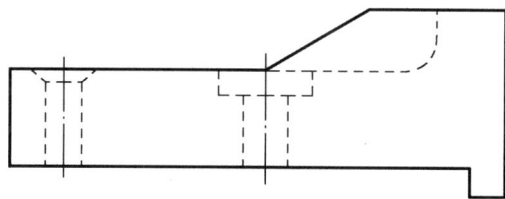

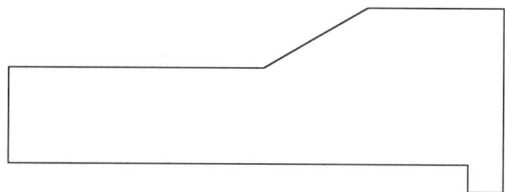

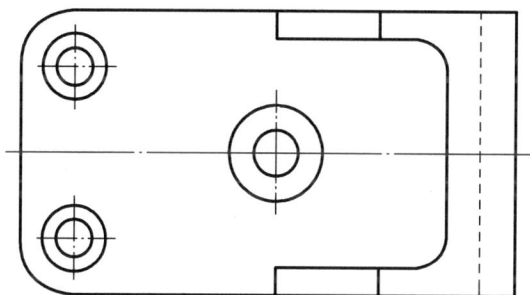

15. 用几个平行的剖切平面剖切，并进行标注。

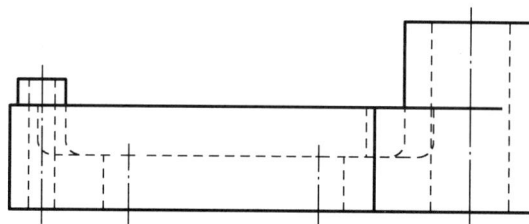

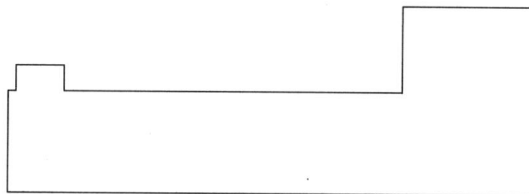

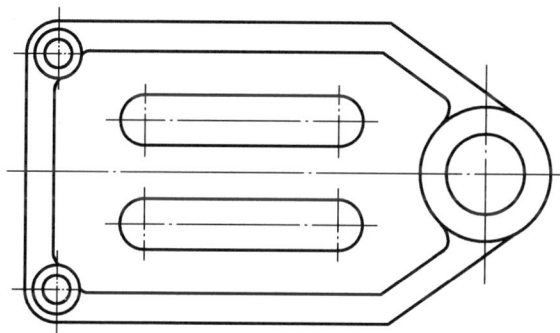

16. 用两个相交的剖切平面剖切，并进行标注。

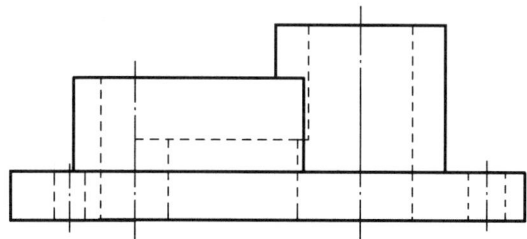

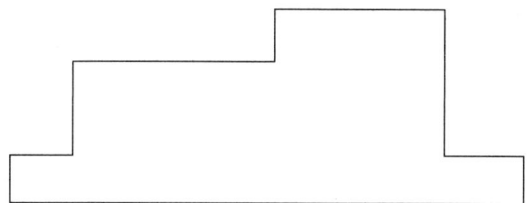

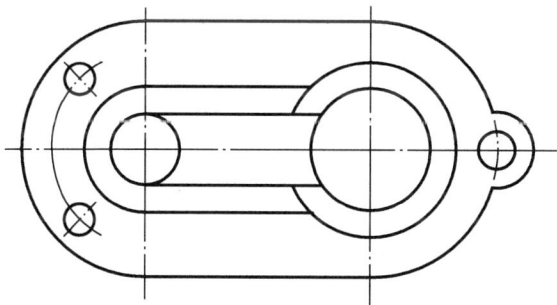

17. 用两个相交的剖切平面剖切，并进行标注。

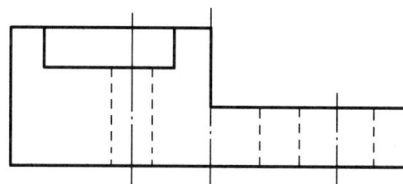

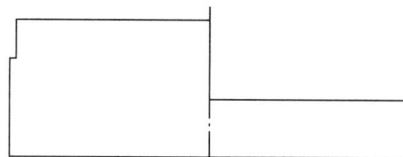

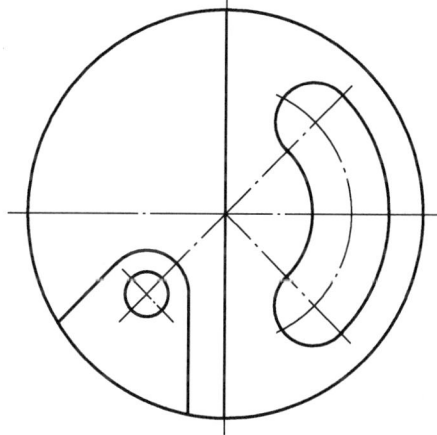

18. 用几个相交的剖切平面剖切。

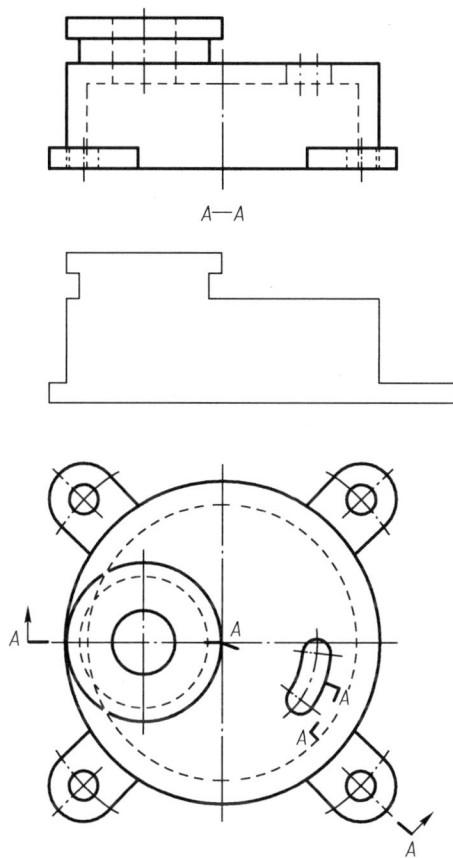

$A-A$

19. 用几个相交的剖切平面剖切。

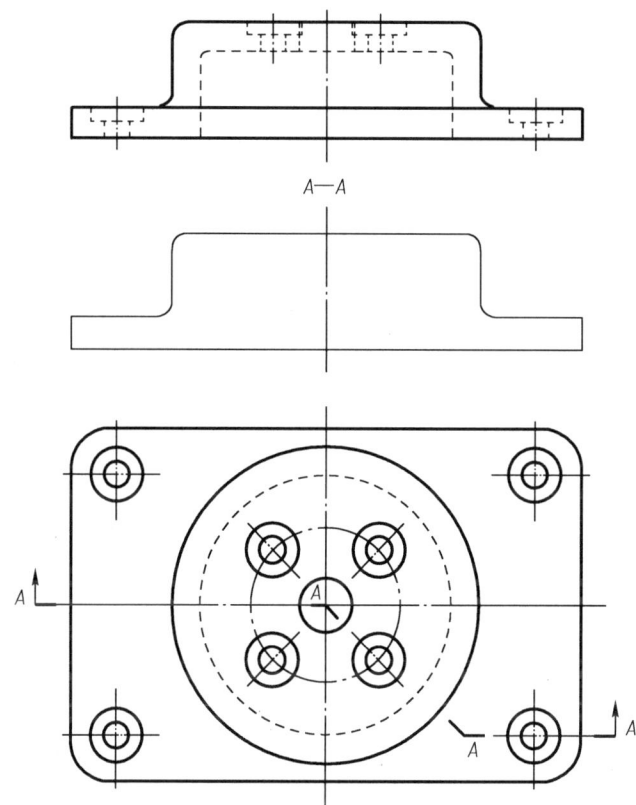

$A-A$

4.3 断面图

1. 在指定位置画出轴的断面图（左端键槽深4mm，右端键槽深3mm）。	2. 画出 *A*—*A* 移出断面图。

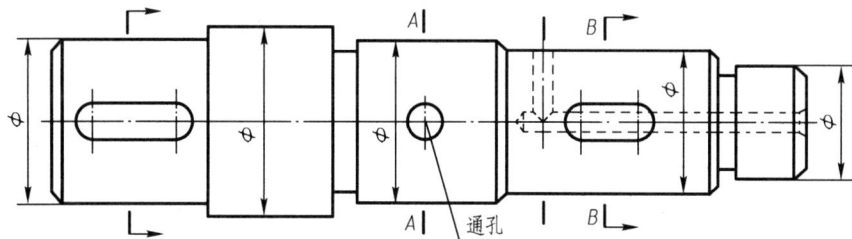

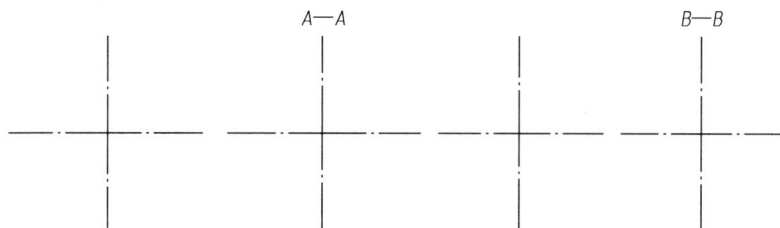

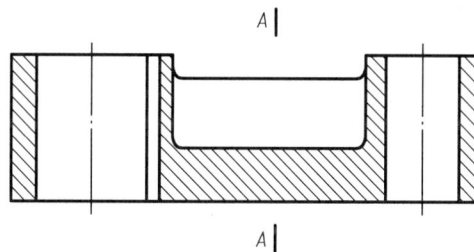

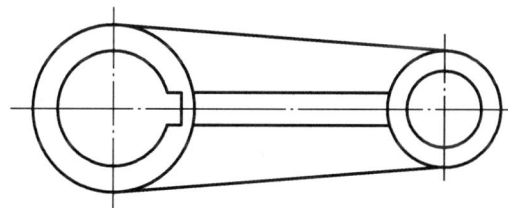

A—A B—B

3. 选出正确的断面图并打"√"。

（1）

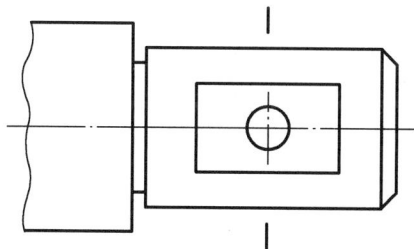

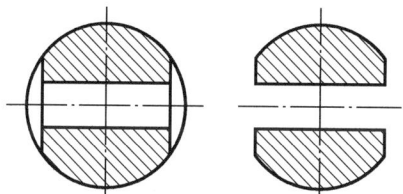

a)　　　　　b)

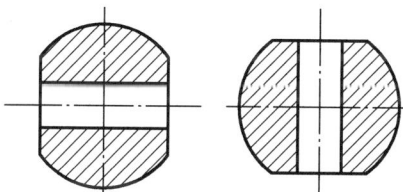

c)　　　　　d)

（2）

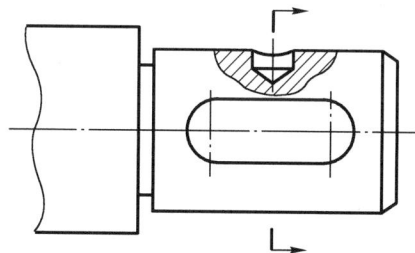

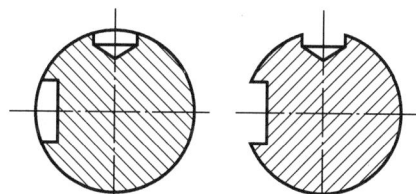

a)　　　　　b)

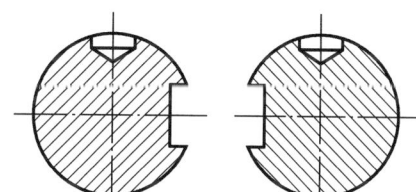

c)　　　　　d)

（3）

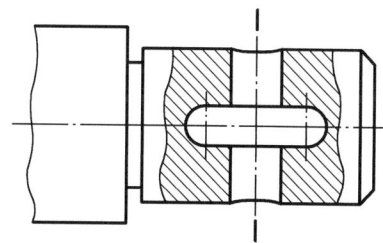

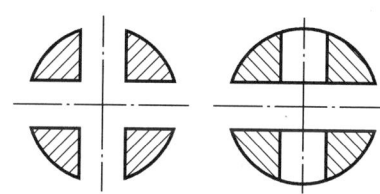

a)　　　　　b)

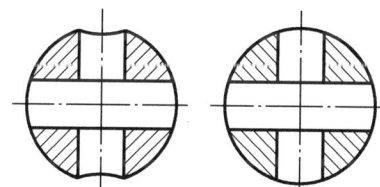

c)　　　　　d)

根据三视图看懂形体，并采用合适的表达方法重新表达形体。

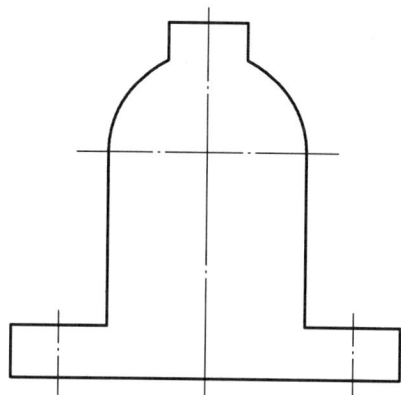

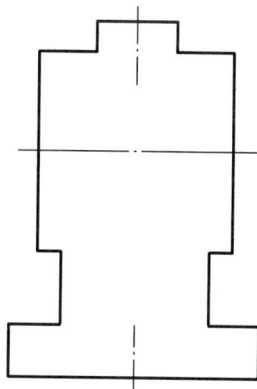

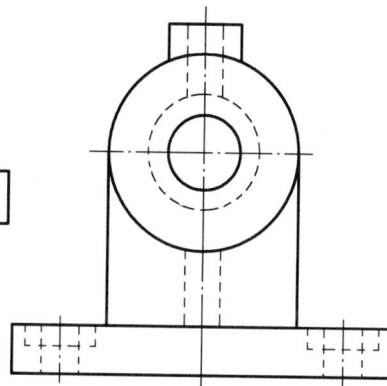

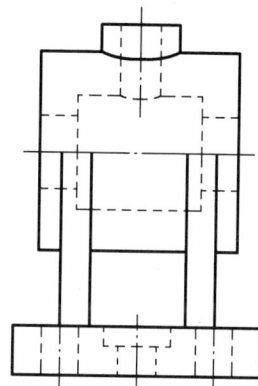

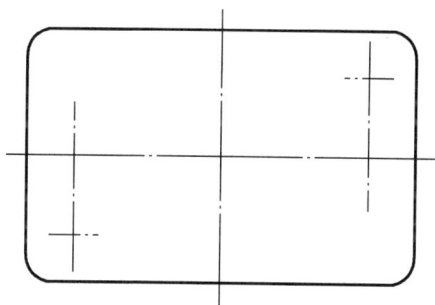

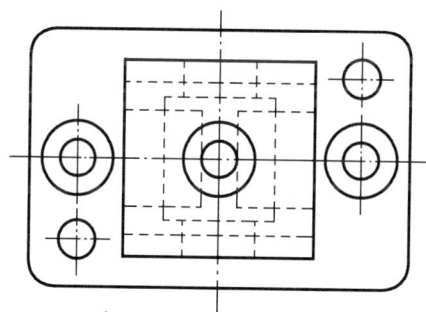

第5章 标准件和常用件

5.1 标准件

1. 找出下图中螺纹画法中的错误，并将正确的画在下面。

（1）外螺纹。

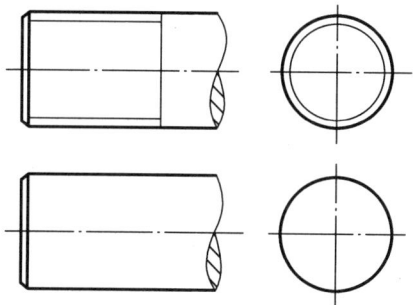

（2）内螺纹。

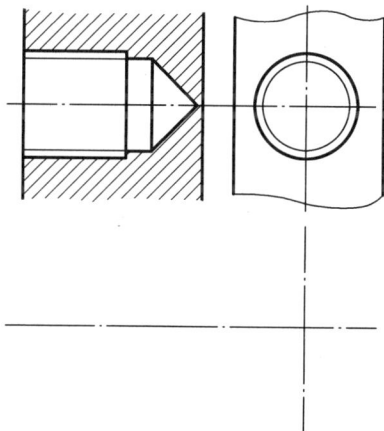

（3）螺纹旋合。

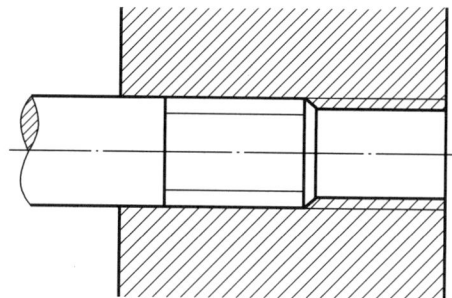

2. 根据说明，用规定的符号来标记螺纹。

（1）粗牙普通外螺纹，公称直径为 24mm，左旋，中径公差带代号为 5g，顶径公差带代号为 4g，长旋合长度。

标记为：_____。

（2）细牙普通内螺纹，公称直径为 30mm，螺距为 1mm，右旋，中径和顶径公差带代号均为 6G，中等旋合长度。

标记为：_____。

（3）55°非密封管螺纹，尺寸代号为 3/8，右旋，公差等级为 A。

标记为：_____。

（4）梯形螺纹，公称直径为 32mm，螺距为 3mm，导程为 6mm，右旋，中径公差带代号 8e，长旋合长度。

标记为：_____。

3. 根据螺纹标记查表，填写下表。

	M36 – 7H	M20 × 1 – 5g6g – S – LH	Tr10 × 4(P2) – 7e	G1/2
螺纹种类				
内、外螺纹				
公称直径（或尺寸代号）				
大径				
小径				
螺距				
旋向				
公差带代号				
旋合长度代号				

4. 填写下列螺纹紧固件的规定标记。

（1）六角头螺栓，A级。

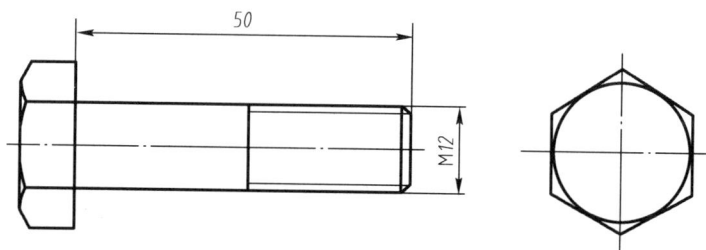

标记：_____

（2）平垫圈 A 级，公称尺寸12mm。

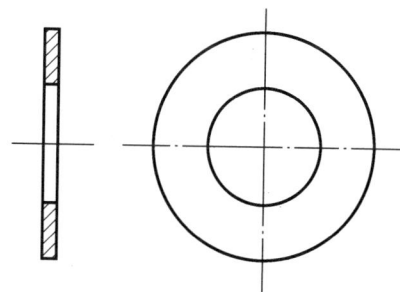

标记：_____

（3）1 型六角螺母，B 级。

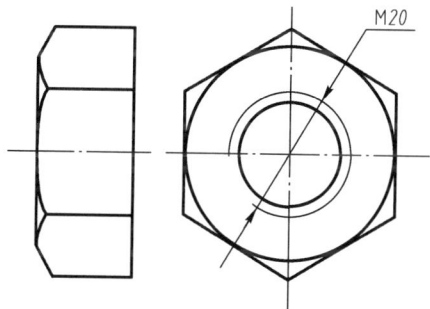

标记：_____

（4）双头螺柱（GB/T 897—1988），B 型。

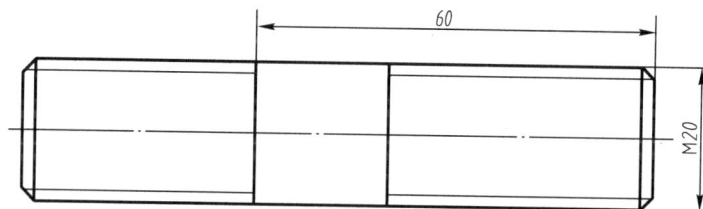

标记：_____

5. 指出下图中螺栓联接画法的错误之处，并将正确的画在右侧空白处（尺寸从图中量取）。

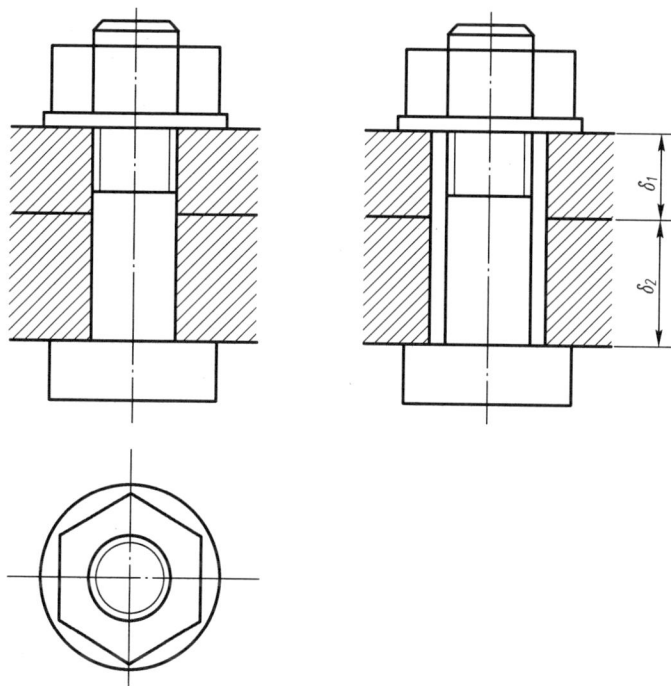

6. 指出下图中双头螺柱联接画法的错误之处，并将正确的画在右侧空白处（尺寸从图中量取）。

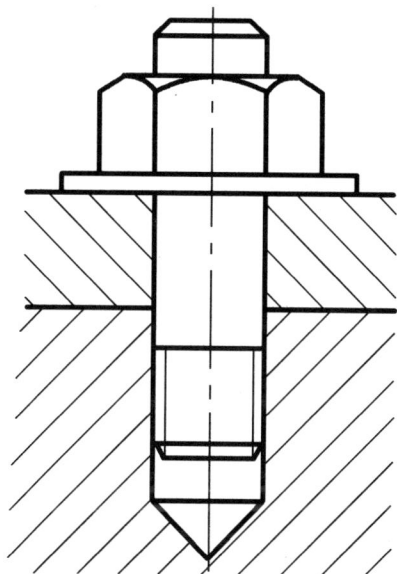

7. 指出下图中螺钉联接画法的错误之处，并将正确的画在右侧空白处（尺寸从图中量取）。

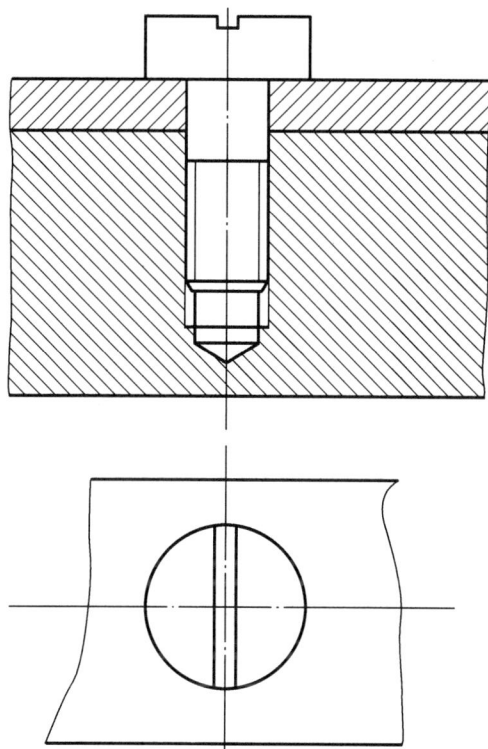

8. 已知轴和孔的直径为 28mm，查表并且标注尺寸。

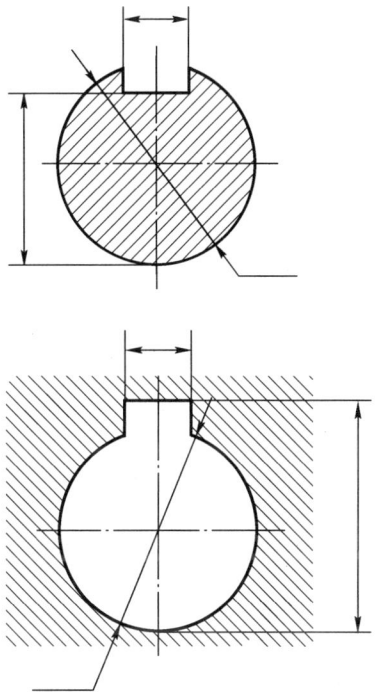

9. 在下图中键联结画法错误处打"×"，并在下方改正。

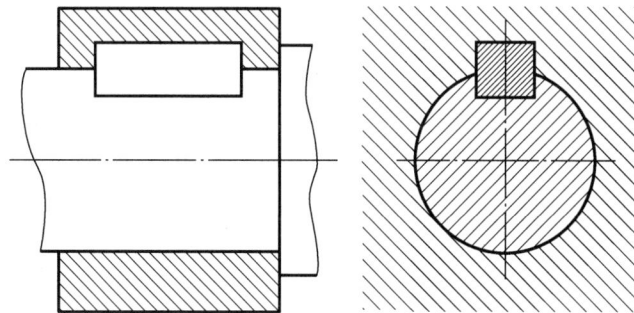

10. 根据孔径选择合适的 A 型圆柱销，将轴套和轴联接起来，并且对销按国家标准进行标记。

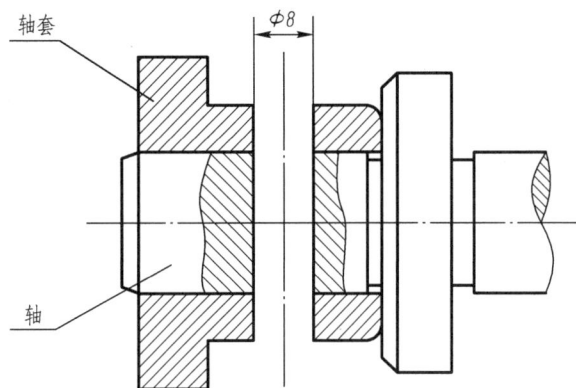

标记：销_____

11. 解释下列滚动轴承代号的含义（需查表）。

滚动轴承6205（GB/T 4459.7—1998）

名称及代号	尺寸系列代号	外形尺寸		
		内径 d/mm	外径 D/mm	宽度 B/mm

滚动轴承6202（GB/T 4459.7—1998）

名称及代号	尺寸系列代号	外形尺寸		
		内径 d/mm	外径 D/mm	宽度 B/mm

滚动轴承6416（GB/T 4459.7—1998）

名称及代号	尺寸系列代号	外形尺寸		
		内径 d/mm	外径 D/mm	宽度 B/mm

12. 根据轴的直径，用规定画法在下图的轴端画出深沟球轴承6206与轴的装配图。

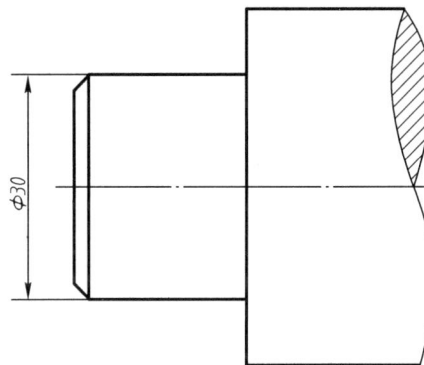

$\phi30$

5.2 常用件

1. 已知标准直齿圆柱齿轮的模数 $m = 3$mm，齿数 $z = 30$，计算确定齿轮各部分尺寸，并将主、左视图画完全。

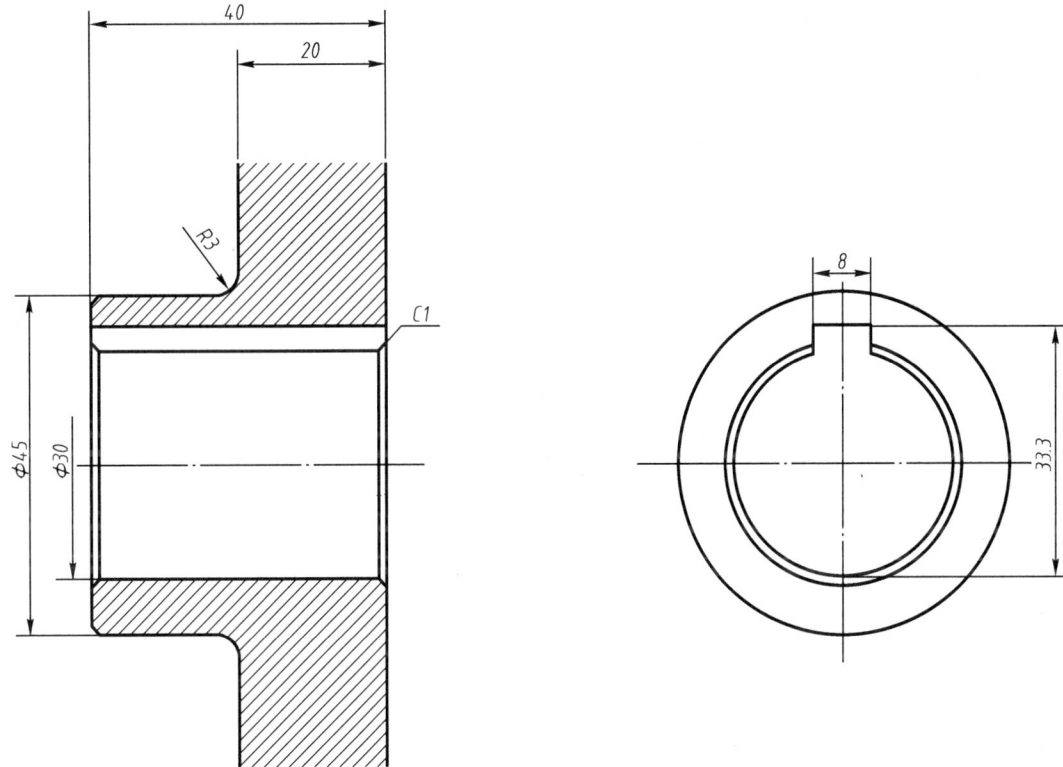

2. 补全齿轮啮合的图线。

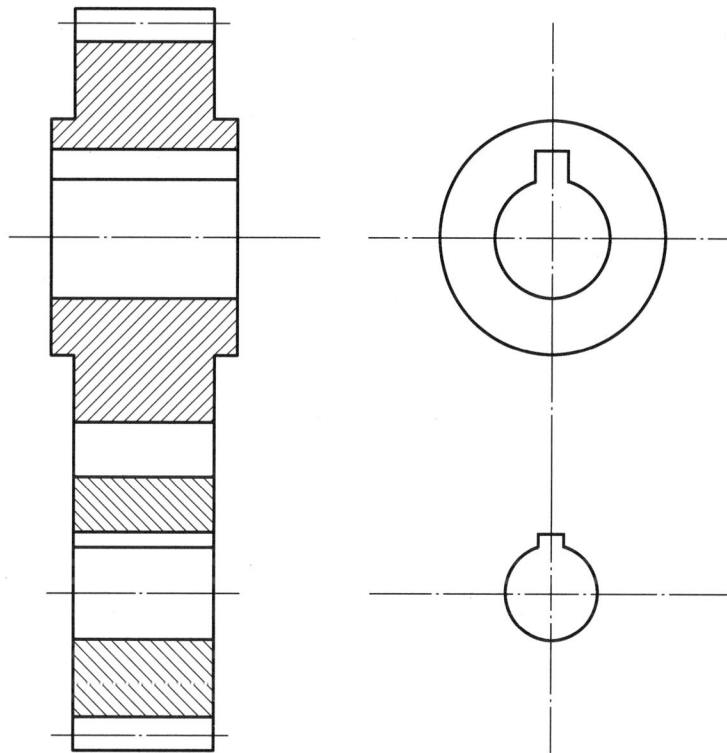

第6章 零件图

6.1 零件图的尺寸标注

标注零件的尺寸，数值从图中量取（取整数）。

（1）轴。

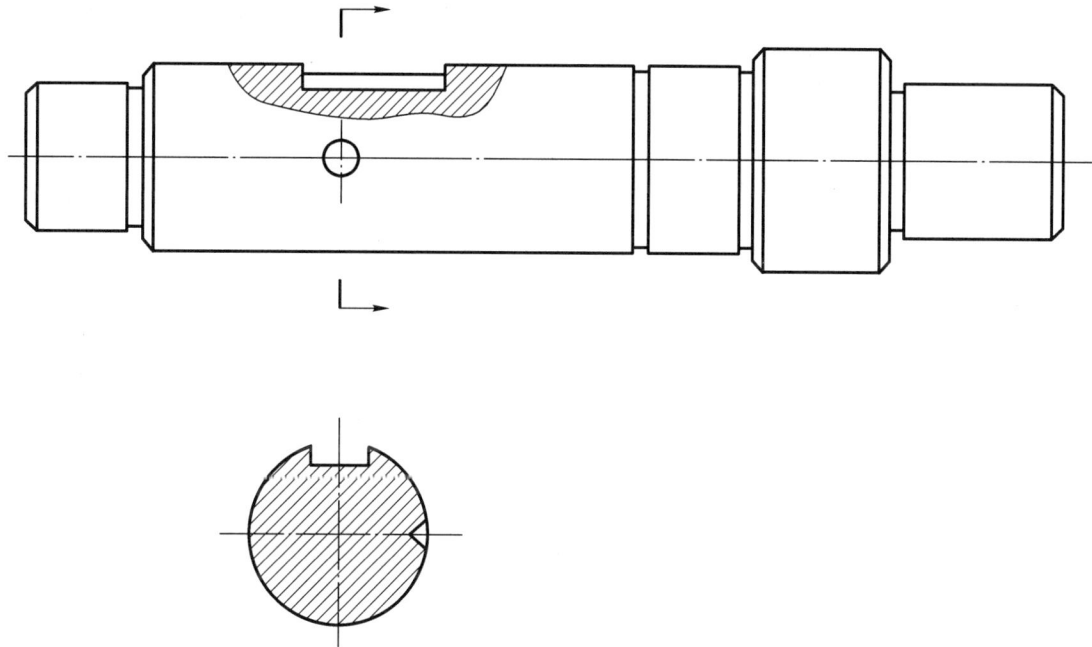

（2）支座。

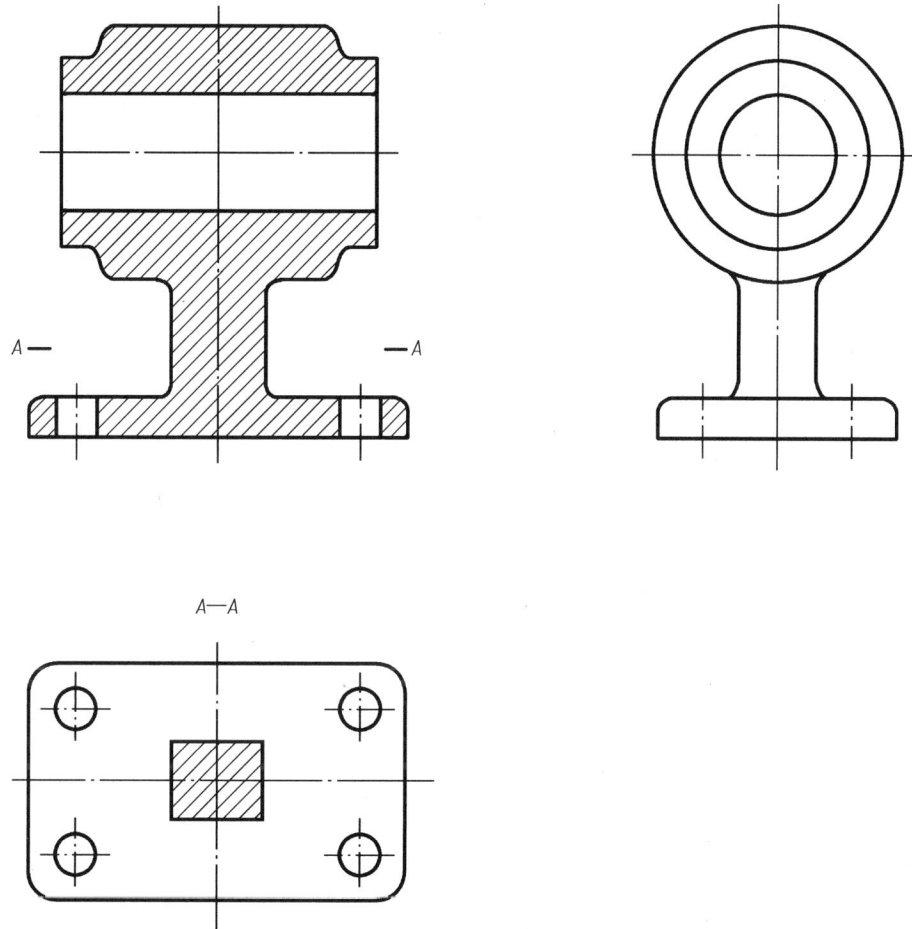

$A{-}A$

6. 2 零件图的技术要求

1. 根据孔和轴的公差代号，查表并填写下表。

公差代号	公称尺寸	上极限偏差	下极限偏差	基本偏差	上极限尺寸	下极限尺寸	公差
ϕ50H7							
ϕ50K6							
ϕ50h7							
ϕ50k6							

2. 根据给出的孔轴公差带代号，查出极限偏差值，并标注在图中。

（1）孔 ϕ40H8、轴 ϕ40f8。　　　　　　　　　　　　　　　　（2）孔 ϕ50K7、轴 ϕ50h8。

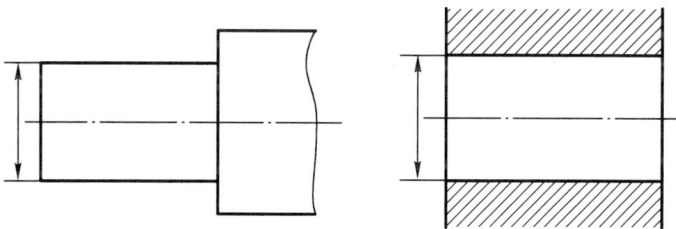

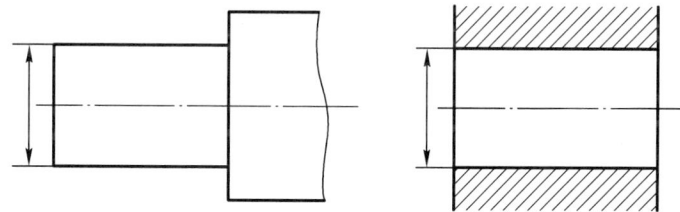

3. 某组件中零件间的配合尺寸如右图所示，按要求完成下列各题。

（1）试说明尺寸 $\phi36\frac{H6}{k5}$ 的含义：

$\phi36$ 是轴与套配合处_____尺寸；

H6 表示_____的_____代号，其中 H 为_____，

6 为_____；

k5 表示_____的_____代号，其中 k 为_____，

5 为_____；

此配合的配合基准制是基_____制，_____配合。

（2）分别在下面的零件图上，注出公称尺寸、公差带代号和极限偏差数值。

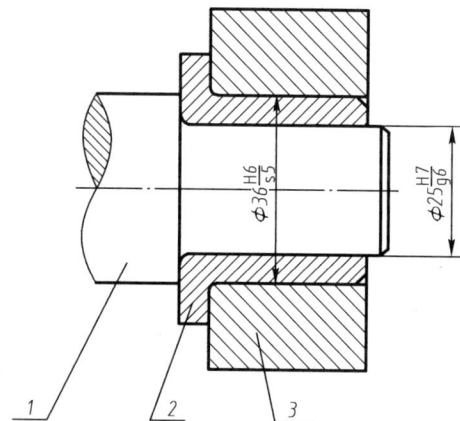

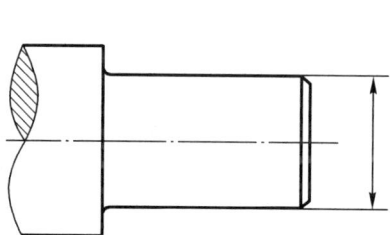

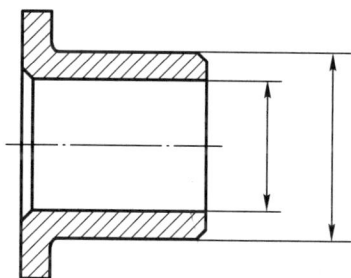

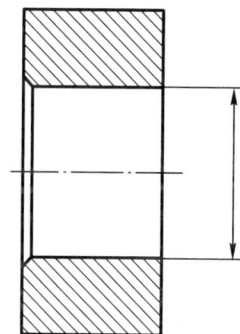

4. 根据题目要求，标注下列零件的表面结构要求符号。

（1）要求左、右侧面的 Ra 值为 3.2μm，上、下侧面的 Ra 值为 6.3μm，孔的 Ra 值为 1.6μm。	（2）要求齿轮齿侧（工作表面）的 Ra 值为 0.8μm，键槽双侧的 Ra 值为 3.2μm，槽底的 Ra 值为 6.3μm，轴孔和两侧面的 Ra 值为 3.2μm，其余的 Ra 值为 12.5μm。
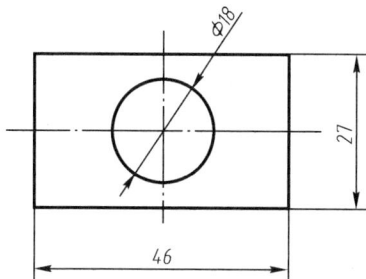	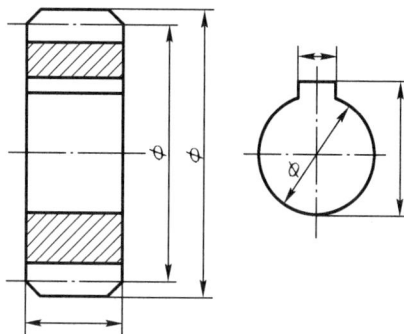
（3）要求全部表面的 Ra 值为 12.5μm。	（4）要求孔和底面的 Ra 值为 3.2μm，其余表面为铸造表面。
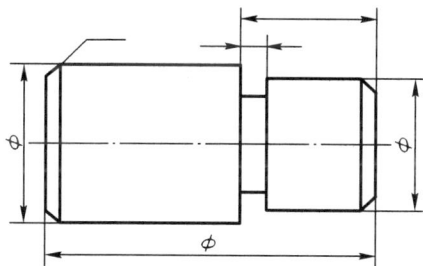	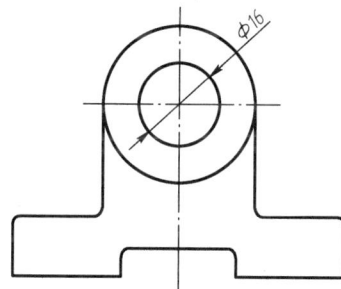

5. 按要求将几何公差标注在图中。

（1）φ15h6 的圆度公差为 0.006mm。

（2）φ15h6 与 φ17h7 的同心度公差为 0.02mm。

（3）右端面对 φ15h7 轴线的垂直度公差为 0.04mm。

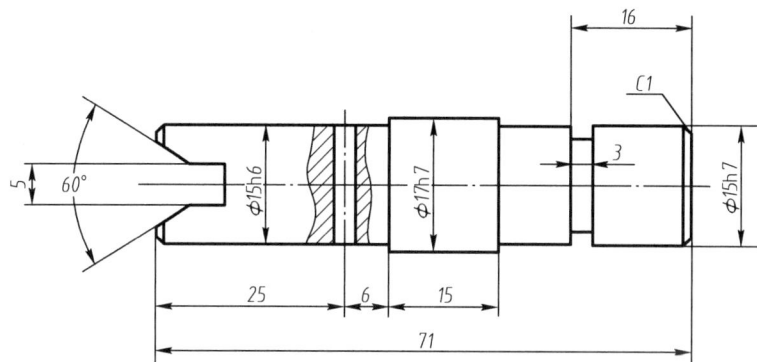

6. 解释下图中几何公差的含义。

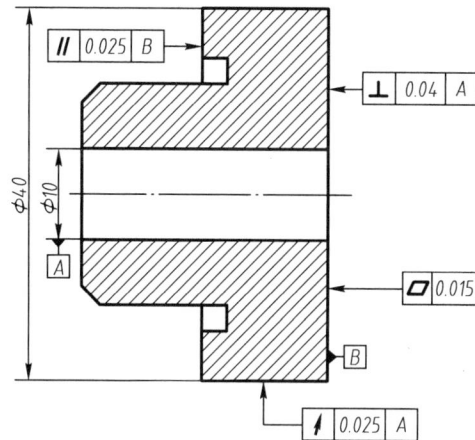

| // | 0.025 | B |

_____。

| ⊥ | 0.04 | A |

_____。

| ▱ | 0.015 |

_____。

| ∕ | 0.025 | A |

_____。

6.3 零件图的识读

1. 读轴的零件图并回答问题。

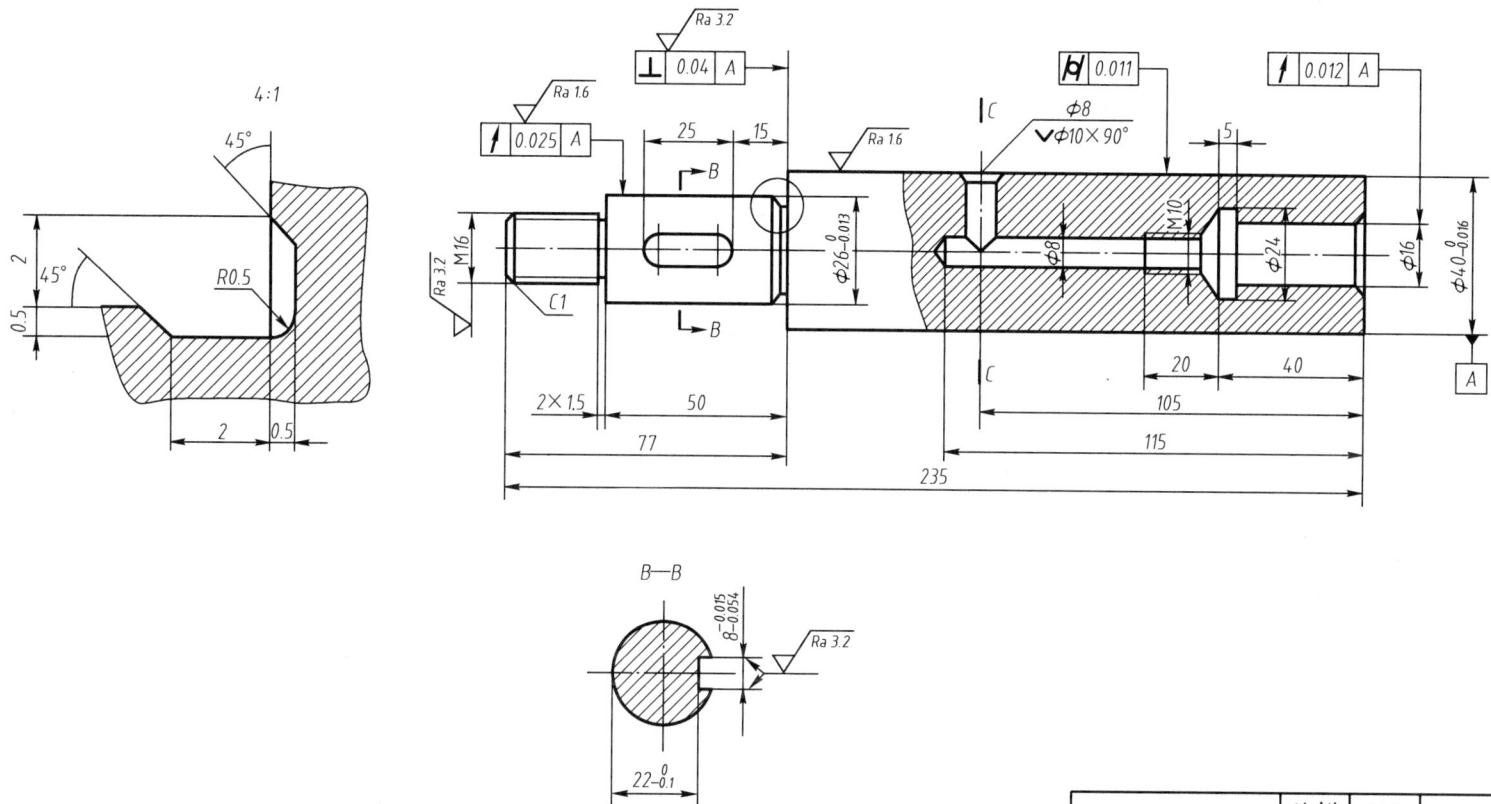

轴		比例	1:2	图号	
		件数	1		
制图			重量		材料	45
描图						
审核						

班级_____ 学号_____ 姓名_____ 成绩_____

（1）该零件属于_____类零件，材料为_____，绘图比例为_____。

（2）该零件采用_____个基本视图表达零件的结构和形状。主视图采用_____剖视，表达轴的内部结构；采用_____表达退刀槽结构；采用_____表达键槽处断面形状。

（3）用指引线标出轴向、径向尺寸基准。

（4）键槽长度是____，宽度是____，长度方向定位尺寸是____，标出 $22_{-0.1}^{0}$ 是便于____。

（5）$\phi 26_{-0.013}^{0}$ 的上极限尺寸是_____，下极限尺寸是_____，公差为_____；$\phi 40_{-0.016}^{0}$ 的上极限偏差是_____，下极限偏差是_____，公差为_____。

（6）该轴的表面结构要求最高的 Ra 值为_____。

（7）说明图中几何公差代号的含义。

（8）画出 $C—C$ 断面图。

2. 读端盖的零件图并回答问题。

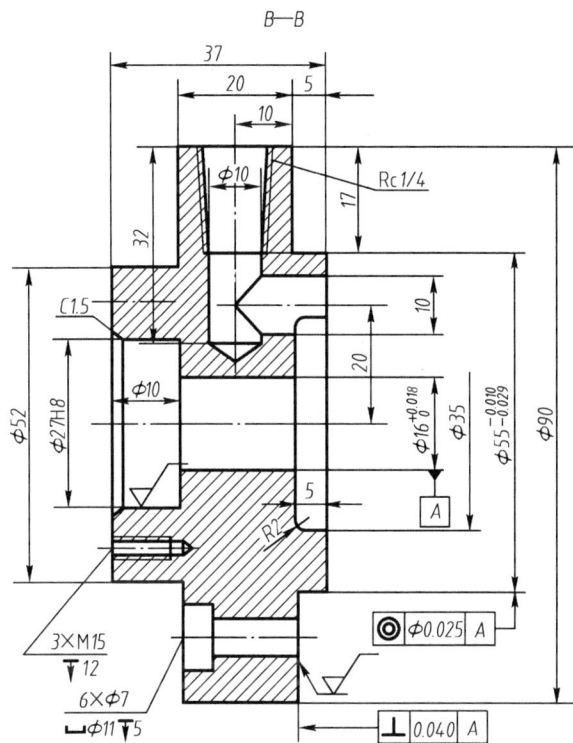

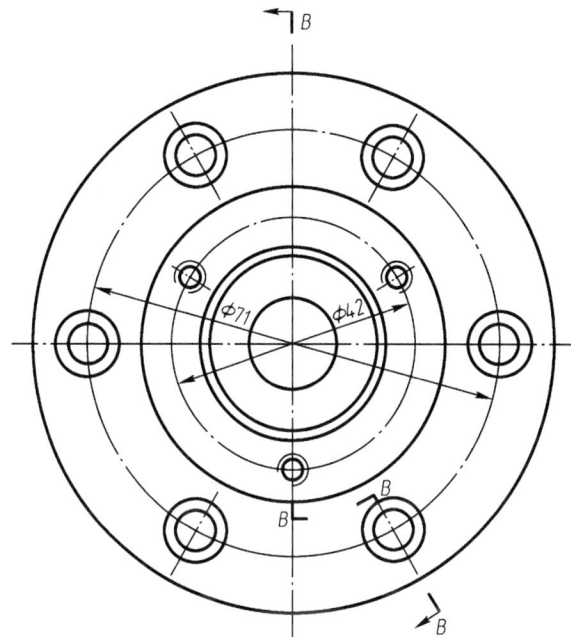

技术要求

1. 未注圆角R2～R5。
2. 铸造毛坯不得有砂眼、裂纹。

$\sqrt{} = \sqrt{Ra\ 1.6}$ $\sqrt{Ra\ 6.3}$ ($\sqrt{}$)

端盖		比例	1:1	图号	
		件数	1		
制图			重量		材料 HT150
描图					
审核					

（1）零件图采用_____个基本视图表达零件的结构和形状，主视图为_____剖视。

（2）轴线为_____方向的尺寸基准，$\phi90$ 右端面为_____方向的尺寸基准。

（3）$\phi27H8$ 的公称尺寸为_____，基本偏差代号为_____，标准公差为 IT_____级。

（4）查表确定公差代号：$\phi16^{+0.018}_{0}$（孔：_____）；$\phi55^{-0.010}_{-0.029}$（轴：_____）。

（5）端盖大多数表面结构代号为_____；说明 Rc1/4 的含义_____。

（6）画出端盖的右视图。

3. 读拨叉的零件图并回答问题。

（1）零件图共采用了_____个图形来表达形体结构，其中 A—A 为_____，B 向旋转为_____图。

（2）图中双点画线表示_____画法。

（3）$\phi 4$ 圆孔的定位尺寸是_____，该孔的表面结构代号为_____。

（4）图中有_____处倒角，尺寸是_____。

（5）肋板的厚度为5，断面转折处圆角为1.5，在左视图所指位置绘制肋板的断面图。

（6）在图上用指引线标出长宽高三个方向的尺寸基准。

（7）$\phi 18^{+0.019}_{0}$ 孔的上极限尺寸为_____，下极限尺寸为_____，公差为_____。

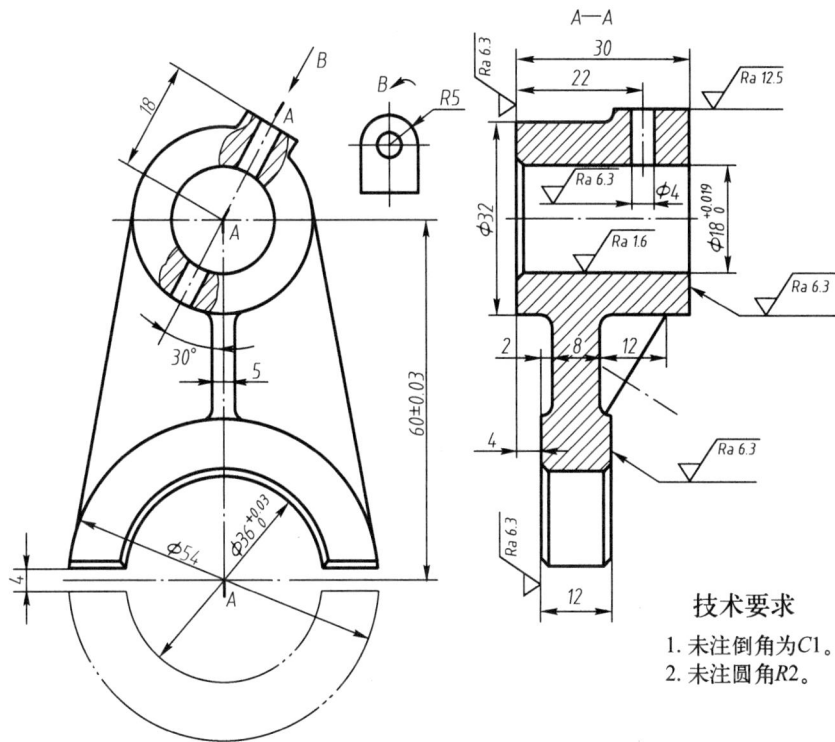

A—A

Ra 6.3　Ra 12.5

30
22

Ra 6.3　$\phi 4$

$\phi 32$　$\phi 18^{+0.019}_{0}$

Ra 1.6

Ra 6.3

2　8　12

4

Ra 6.3

Ra 6.3

12

18

B

A

A

B　R5

$\phi 36.4^{+0.03}_{0}$

$\phi 54$

30°

5

60±0.03

4

A

$\sqrt{}$ ($\sqrt{}$)

技术要求
1. 未注倒角为C1。
2. 未注圆角R2。

拨叉	比例	1:2	图号	
	件数	1		
制图			重量	材料　HT200
描图				
审核				

4. 读泵体的零件图并回答问题。

（1）在图中用指引线标出长宽高三个方向的尺寸基准。

（2）解释 M33 × 1.5 – 6H 的含义。

（3）图中 Ra 的值分别为_____。

（4）图中螺孔 2 × M10 – 6H 的定位尺寸为_____。

（5）图中框格 | // | 0.05 | A | 表示被测要素是_____，

几何公差项目是_____，公差数值是_____。

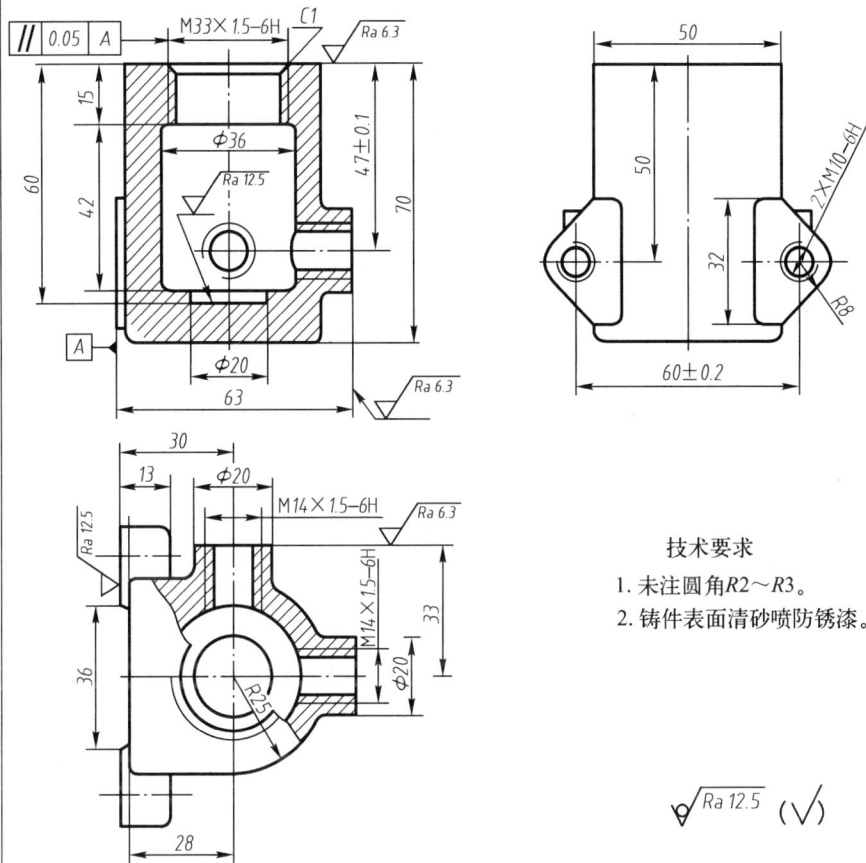

技术要求

1. 未注圆角R2～R3。

2. 铸件表面清砂喷防锈漆。

$\sqrt{Ra\,12.5}$ ($\sqrt{}$)

泵体	比例	1:2	图号	
	件数	1		
制图			重量	材料 HT200
描图				
审核				

第7章 装 配 图

1. 读机用平口钳装配图并回答问题。

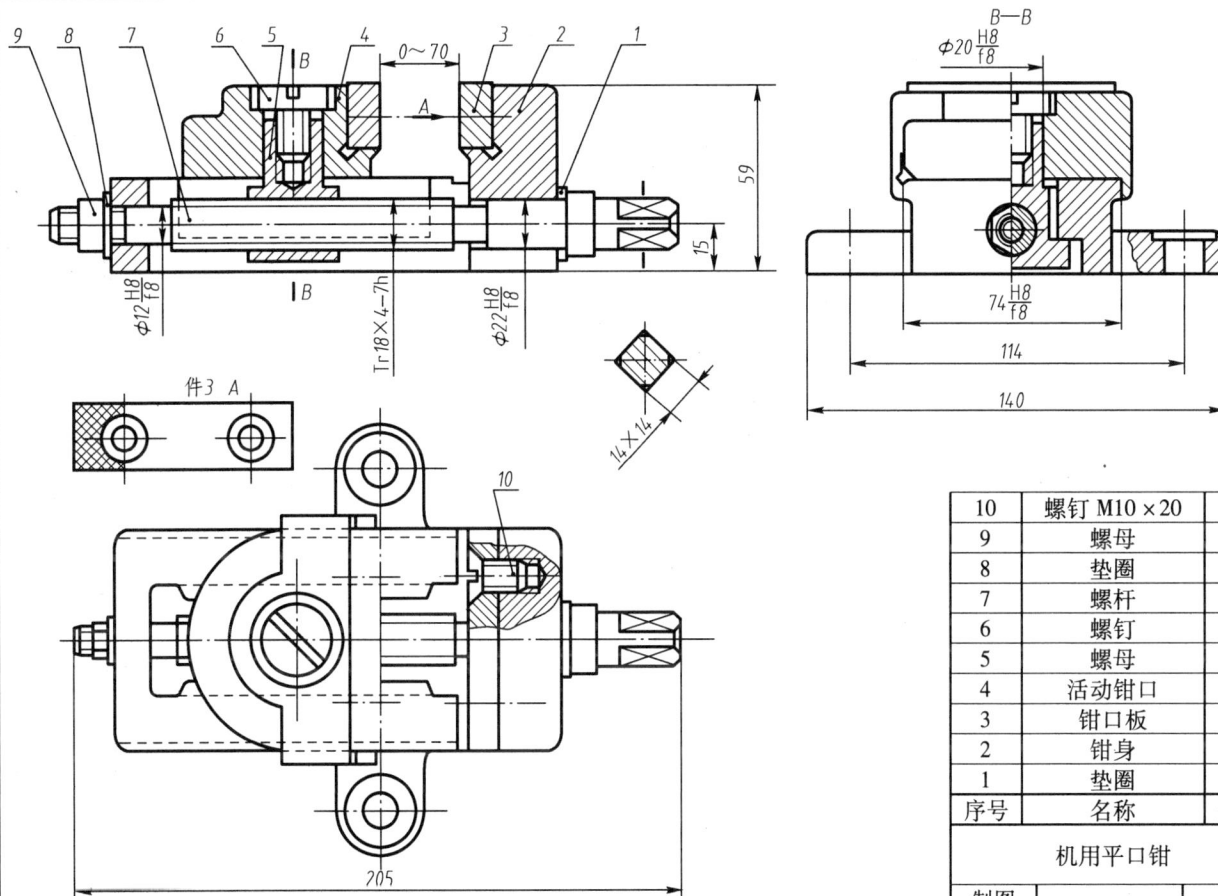

10	螺钉 M10×20	4	Q235	GB/T 68—2000
9	螺母	1	Q235	GB/T 6170—2000
8	垫圈	1	Q235	GB/T 97.2—2002
7	螺杆	1	45	
6	螺钉	1	Q235	
5	螺母	1	HT200	
4	活动钳口	1	HT200	
3	钳口板	2	45	
2	钳身	1	HT200	
1	垫圈	1	Q235	
序号	名称	数量	材料	备注

机用平口钳		比例	1:2
		共1张	第1张
制图			
审核			

（1）该装配体的名称是_____，由_____种共_____个零件组成，其中有_____种共_____个标准件。

（2）该装配体共用了_____个图形来表达，其中主视图作了_____，俯视图作了_____，左视图作了_____和_____，A 为_____，另外还有一个_____。

（3）按装配图的尺寸分类，尺寸 0～70 属于_____尺寸，尺寸 114 属于_____尺寸，尺寸 $\phi 20 \frac{H8}{f8}$ 属于_____尺寸，尺寸 205、59、140 属于_____尺寸。

（4）尺寸 $\phi 12 \frac{H8}{f8}$ 是件_____和件_____的尺寸，其中，$\phi 12$ 是_____尺寸，H8 是_____，f8 是_____，它们属于_____制的_____配合。

（5）件 5 螺母与件 6 螺钉为_____联接，件 5 螺母与件 7 螺杆为_____传动，件 3 钳口板与件 2 钳身为_____联接。

（6）件 7 螺杆旋转时，件 5 螺母做_____运动，其作用是_____。

（7）欲拆下件 7 螺杆，必须先旋下件_____，拿掉件_____，再旋出件_____，才能拿出螺杆。

2. 读齿轮泵装配图并回答问题。

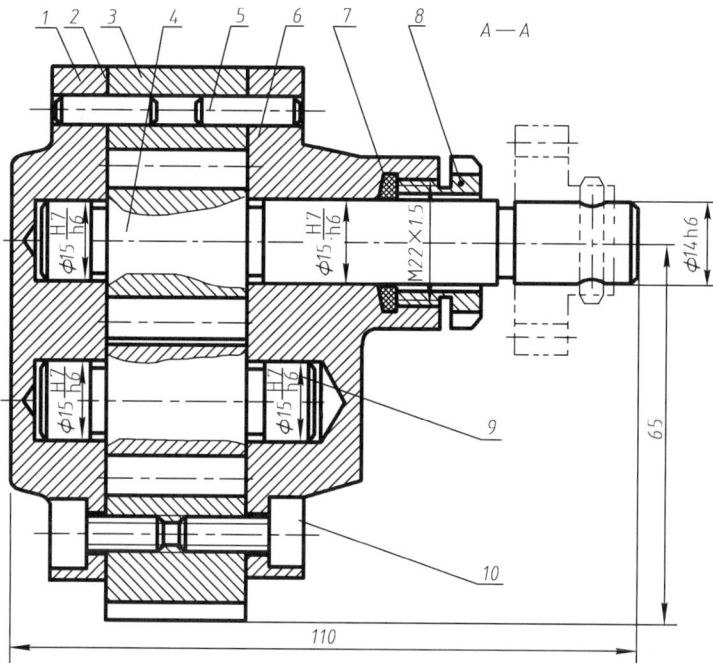

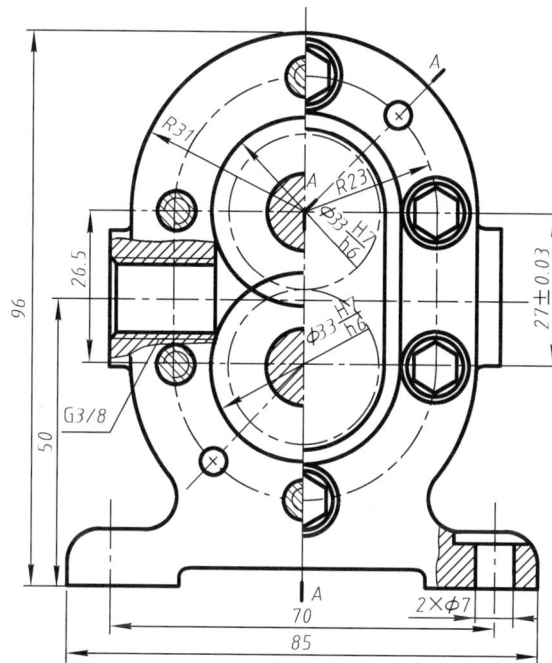

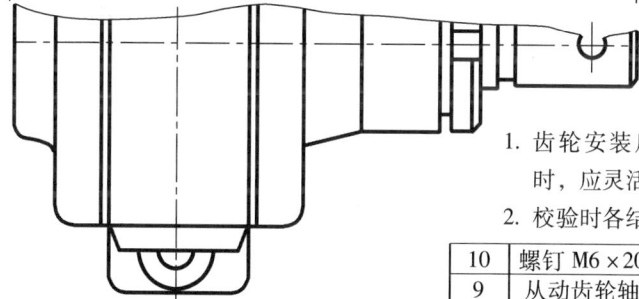

技术要求

1. 齿轮安装后,用手转动主动齿轮轴
   时,应灵活旋转。
2. 校验时各结合面不得有漏油现象。

10	螺钉 M6×20	12	35	GB/T 70.1—2008
9	从动齿轮轴	1	45	m=3, z=9
8	压紧螺母	1	35	
7	填料	1	橡胶	

6	泵盖	1	HT200	
5	销 5×20	4	35	GB/T 119.1—2000
4	主动齿轮轴	1	45	m=3, z=9
3	泵体	1	HT200	
2	垫片	2	厚纸	
1	泵盖	1	HT200	
序号	名称	数量	材料	备注
	齿轮泵		比例	1:1
			共1张	第1张
制图				
审核				

（1）该装配体的名称是_____，它由_____种共_____个零件组成，其中有_____种共_____个标准件。

（2）该装配体共用了_____个图形来表达，其中主视图作了_____剖视和_____剖视，左视图作了_____剖视和_____剖视，俯视图采用了_____画法。

（3）该装配体的总体尺寸为_____、_____和_____，尺寸70属于_____尺寸，尺寸 27 ± 0.03 是_____尺寸，尺寸 $\phi33 \frac{H7}{h6}$ 和 $\phi15 \frac{H7}{h6}$ 是_____尺寸。

（4）件1泵盖与件3泵体由件_____联接。件5、件7和件8在装配体中分别起什么作用？

　　答：件5：_____，件7：_____，件8：_____。

（5）M22×1.5 为_____联接，其中 M22 为_____（大、小径），1.5 为_____。

（6）简述齿轮泵的工作原理。

3. 读顶拔器装配图并回答问题。

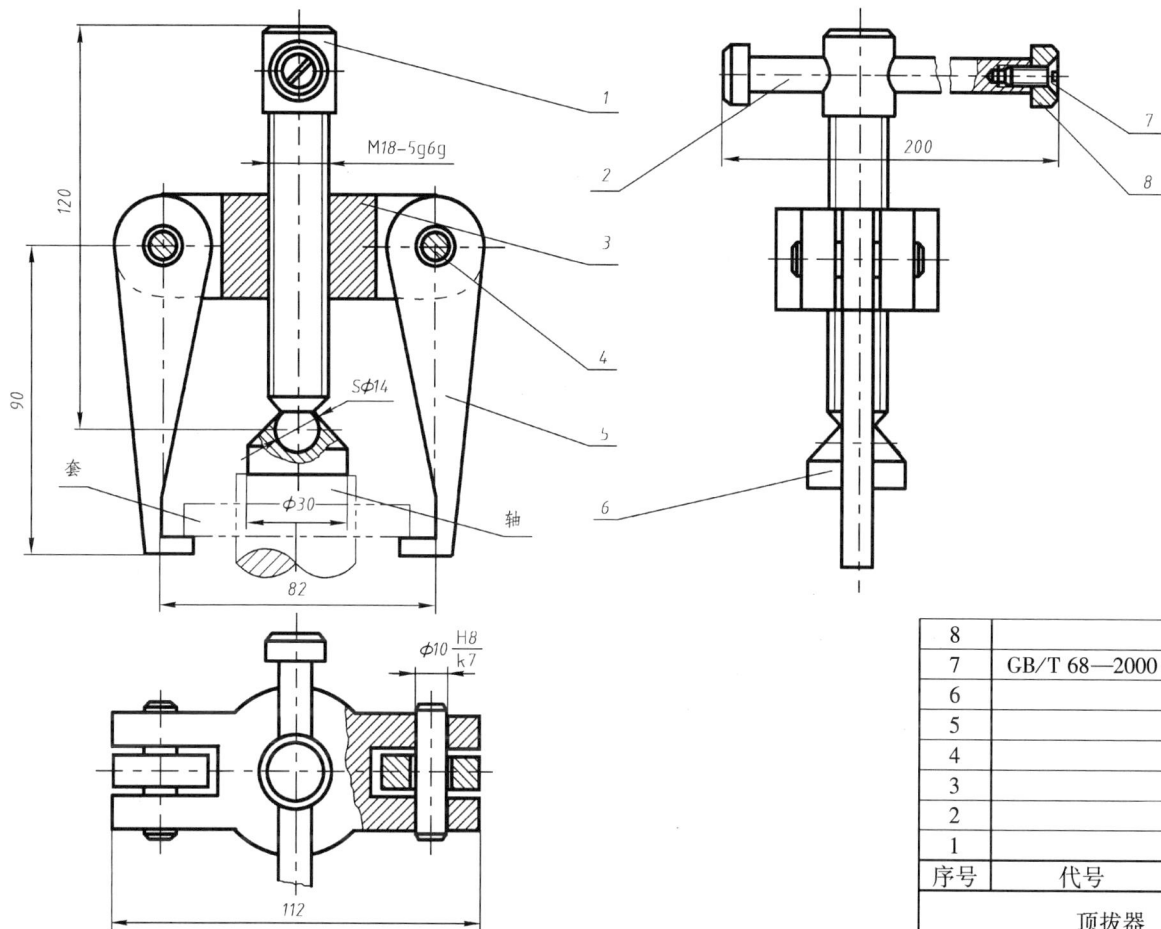

8		垫圈	1	Q235	
7	GB/T 68—2000	螺钉 M5×8	1	Q235	
6		压紧垫	1	45	
5		爪子	2	45	
4		销轴	2	Q235	
3		横梁	1	Q235	
2		把手	1	Q235	
1		压紧螺杆	1	45	
序号	代号	名称	数量	材料	备注
	顶拔器		比例	1:2	（图号）
			件数		共 张第 张
制图		日期		（校 名）	
审核		日期			

（1）该装配体共由_____种零件组成，其中件 5 数量是_____，材料是_____。

（2）装配图中主视图采用了_____剖视和_____画法，俯视图采用了_____剖视和_____画法，左视图采用了_____画法。

（3）主视图下方用双点画线表示的是_____和_____两个机件。

（4）图中注有 $\phi 10 \dfrac{H8}{k7}$ 是件_____与件_____的配合尺寸，其公称尺寸是_____，基_____制，_____配合。

（5）M18 $-$5g6g 中，M18 是_____（大径、小径），5g6g 是_____。

（6）简述顶拔器的工作原理。

4. 读定滑轮装配图并回答问题。

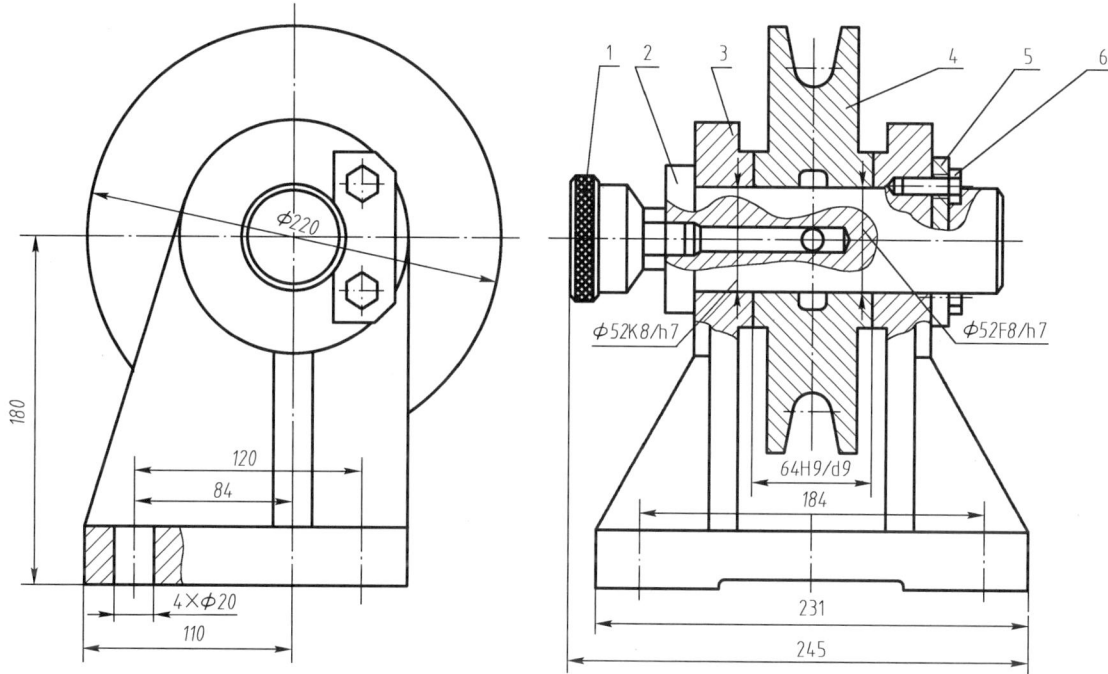

6	螺栓 M10×25GB/T 5781—2000	2	Q235
5	卡板	1	Q235
4	滑轮	1	45
3	支架	1	3Cr13
2	心轴	1	65Mn

1	旋盖油杯 JB/T 7940.3—1995	1	组合件
序号	零件名称	数量	材料

（1）该装配体的名称是_____，绘图时采用的比例是_____，由_____种共_____个零件组成，其中有_____个标准件，分别是_____。

（2）该装配体用了_____个视图表达，其中主视图采用了_____剖视，左视图采用了_____剖视。

（3）卡板5的作用是_____，其与支架的联接方式为_____。

（4）心轴内部开有轴向和径向的圆孔，其作用是_____。

（5）尺寸 $\phi52F8/h7$ 是_____号零件和_____号零件的_____尺寸，它们属于_____配合；尺寸 $64H9/d9$ 是_____号零件和_____号零件的_____尺寸，它们属于_____配合；尺寸 $\phi52K8/h7$ 是_____号零件和_____号零件的_____尺寸，它们属于_____配合。

（6）支架底板上有_____个安装孔，其尺寸为_____，它们的定位尺寸为_____。

（7）该装配体的规格尺寸为：_____。

（8）该装配体的安装尺寸为：_____。

（9）该装配体的总体尺寸为：长_____、宽_____、高_____。

第8章 其他工程图样

8.1 展开图

1. 绘制下面等径正三通的展开图（保留作图线）。

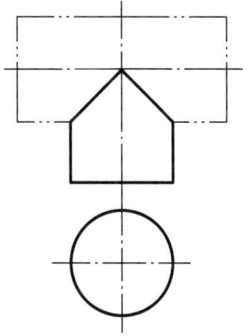

2. 绘制圆台的表面展开图（保留作图线）。

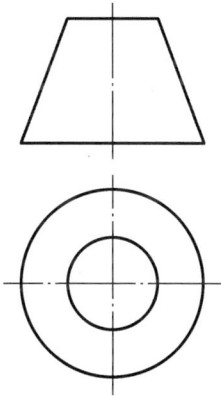

8.2　焊接图

1. 读懂轴承挂架焊接图并回答问题。

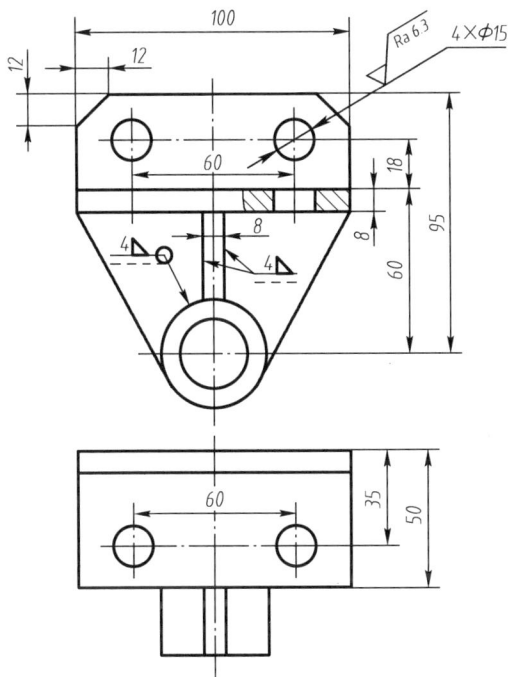

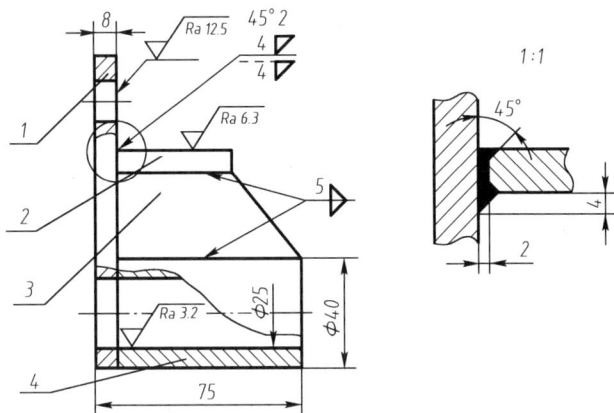

（1）该焊接图中共有_____处焊缝。

（2）焊接符号 $\frac{4}{}\!\!\!\!\triangleright\!\!\bigcirc$ 中的

$\triangleright$ 表示_____；

$\bigcirc$ 表示_____；

4 表示_____。

（3）焊接符号 $\frac{5}{}\!\triangleright$

表示_____。

（4）焊接符号 $\frac{4}{4}\!\!\!\triangleright$ 中的45°

表示_____。

技术要求

1. 各焊缝均采用焊条电弧焊。
2. 切割边缘表面粗糙度 $Ra = 12.5\,\mu m$。
3. 所有焊缝不得有焊透、熔蚀等缺陷。

4	圆筒	1	Q235
3	肋板	1	Q235
2	横板	1	Q235
1	立板	1	Q235
序号	零件名称	数量	材料

轴承挂架	比例	重量	共　张	（图号）
	1:1		第　张	

设计	（姓名）	（日期）	（学校、专业、班级）
审核	（姓名）	（日期）	

2. 读懂弯头法兰焊接图并回答问题。

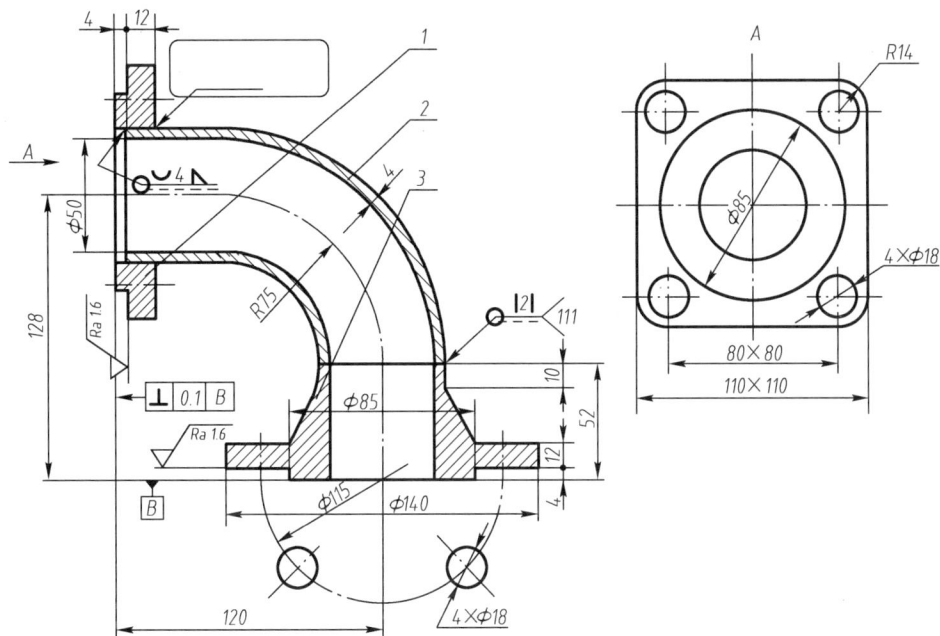

（1）焊接符号 中

|2| 表示＿＿＿＿＿＿＿＿＿；

111 表示＿＿＿＿＿＿＿＿＿；

< 表示＿＿＿＿＿＿＿＿＿。

（2）焊接符号 中

○ 表示＿＿＿＿＿＿＿＿＿；

⌣ 表示＿＿＿＿＿＿＿＿＿；

◁ 表示＿＿＿＿＿＿＿＿＿。

（3）图中左上部法兰与弯管连接采用角焊的环焊缝，焊角高度为6mm。试在方框处，用焊接符号表示之。

3	底盘	1	Q235	
2	弯管	1	Q235	
1	法兰盘	1	Q235	
序号	零件名称	数量	材料	备注
弯头		比例		
		重量		
制图				
校核				

1. 写出下列图形符号所表示元件的含义。

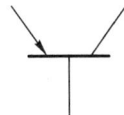

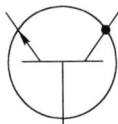

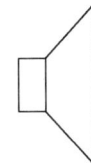

2. 读懂如图所示的某齿轮磨床电路图并回答问题。

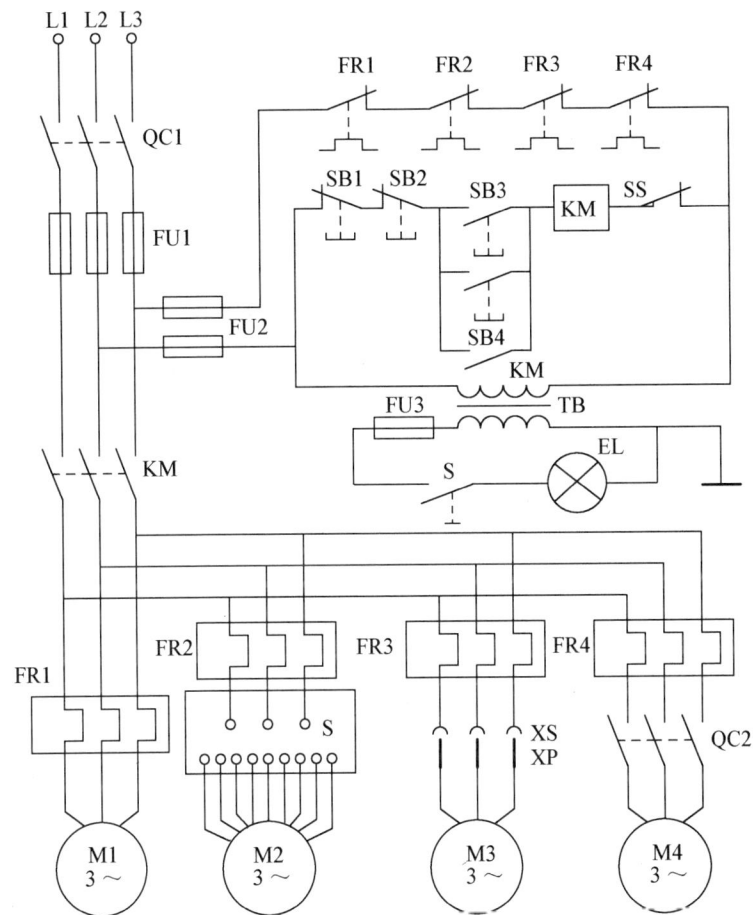

（1）该系统选用了几台、何种类型、电压为多大的电动机？

（2）该图中标注"TB"及相应的图形符号表示何种元件？其一次线圈电压为多大？二次线圈的电压一般为多大？

（3）图中文字符号"QC1""FU1""KM""FR1""SB1"各表示何种元器件？

（4）图中"FU1""FU2""FU3"各起何作用？

3. 读懂如图所示的某刨床电路图并回答问题。

（1）简述该电路的工作原理。

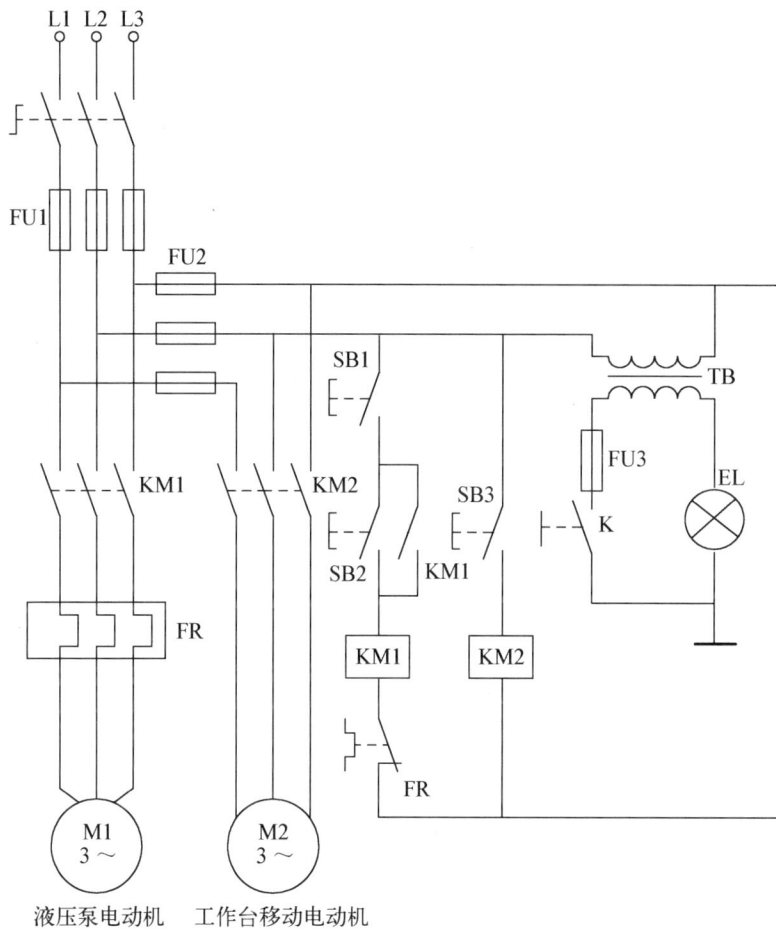

L1 L2 L3

FU1

FU2

KM1

KM2

SB1

TB

FU3

EL

SB3

SB2

KM1

K

KM1

KM2

FR

FR

M1
3～

M2
3～

液压泵电动机　　工作台移动电动机

（2）该电路系统中，"KM1"和"KM2"的结构和工作过程有何不同？

8.4 设备及管道布置图

1. 读懂下图所示的某管式炉法生产钙基脂工艺流程图，并将其改为用文字框图表示的工艺流程图（管式炉法生产钙基脂的主要过程为：配料、管式炉皂化、闪蒸、水合、调整稠度、后处理工序，以及甘油、轻质油回收）。

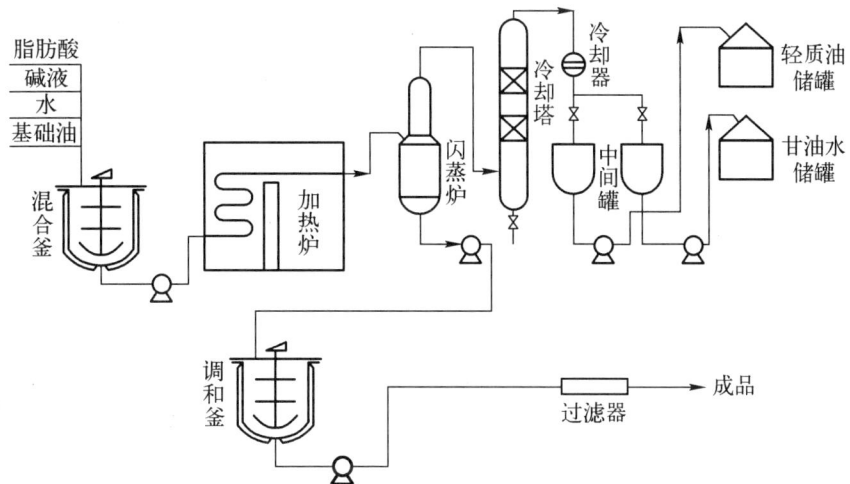

2. 下图所示为分别用单线图和双线图所画的某草坪喷灌供水轴测图的左半部分，其右半部分与左半部分结构对称。试读懂之，并补充右半部分，然后回答问题。

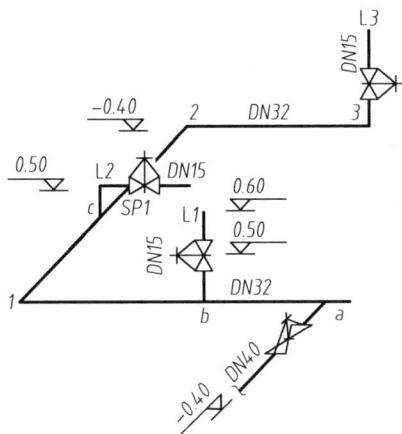

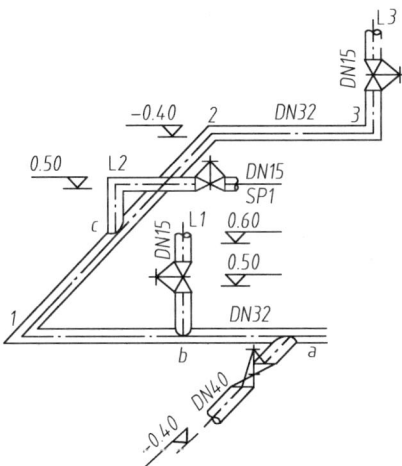

（1）该草坪喷灌供水系统中采用了哪种阀门？共多少只？

（2）该系统中采用了哪几种公称直径的管子？总管道公称直径为多大？最小的管子公称直径为多大？

（3）系统采用的是暗敷设还是明敷设？

（4）绘图时，单线图与双线图线型有何区别？

参 考 文 献

［1］于春艳，陶怡. 工程制图［M］. 2 版. 北京：中国电力出版社，2008.

［2］马俊，王玫. 机械制图［M］. 北京：北京邮电大学出版社，2008.

［3］姚民雄，华红芳. 机械制图［M］. 北京：电子工业出版社，2009.

［4］朱强. 机械制图［M］. 北京：人民邮电出版社，2009.

［5］刘荣珍，程耀东. 机械制图［M］. 北京：科学出版社，2008.

［6］尚凤武. 制图员（机械类）［M］. 北京：机械工业出版社，2007.

［7］巩运强. 工程制图［M］. 北京：人民邮电出版社，2010.

［8］丁杰雄，王启美，吕强. 机械制图［M］. 北京：人民邮电出版社，2009.

［9］许永年，谭琼. 工程制图习题集［M］. 北京：清华大学出版社，2007.

［10］王秀英. 工程设计制图习题集［M］. 北京：科学出版社，2008.

［11］崔海. 机械与电气识图［M］. 哈尔滨：哈尔滨工业大学出版社，2008.

［12］邓祖才，任国强. 机械制图与识图［M］. 成都：西南交通大学出版社，2015.

［13］闫照粉，安淑女. 机制制图［M］. 南京：南京大学出版社，2014.

［14］吕思科，周宪珠. 机械制图［M］. 北京：北京理工大学出版社，2013.

［15］蒋知民，张洪德. 怎样识读《机械制图》新标准［M］. 北京：机械工业出版社，2010.